清华 STS 四十周年纪念暨学科发展研讨会合影留念

清华大学科学技术与社会研究所所庆暨首次校友聚会合影留念

第十二届东亚科学技术与社会网络学术会议合影留念

科学技术与社会研究中心在清华大学深圳国际研究生院挂牌合影留念

清华STS文丛

总主编 杨　舰 吴　彤
刘　兵 李正风

我与清华STS研究所

主　编　王程韡 吴　彤

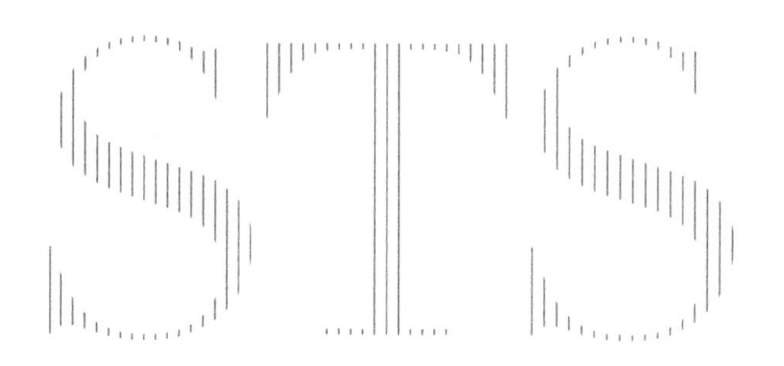

科学出版社

北　京

内 容 简 介

1985年,清华大学成立了中国第一个科学技术与社会研究机构,1993年正式命名为清华大学科学技术与社会研究所(简称清华STS研究所),在国际上享有良好声誉。2018年,在学校的统一部署下,清华STS研究所宣布解散。历史已逝,但记忆总可以是生动、炽热——哪怕是短暂的。于是,我们以清华STS研究所30、40周年所庆的部分文章为底本,编纂了这本书。

本书可供对中国STS发展史感兴趣的学界同人参考。希望能给清华STS研究所的广大师生提供一个可以偶尔"返校"的"记忆之场"。

图书在版编目(CIP)数据

我与清华STS研究所/王程韡,吴彤主编. —北京:科学出版社,2024.4
(清华STS文丛 / 杨舰等总主编)

ISBN 978-7-03-078213-7

Ⅰ. ①我… Ⅱ. ①王… ②吴… Ⅲ. ①技术哲学-文集 Ⅳ. ①N02-53

中国国家版本馆CIP数据核字(2024)第057388号

责任编辑:邹 聪 刘 琦 陈晶晶 / 责任校对:姜丽策
责任印制:师艳茹 / 封面设计:有道文化

科学出版社 出版
北京东黄城根北街16号
邮政编码:100717
http://www.sciencep.com
北京中科印刷有限公司印刷
科学出版社发行 各地新华书店经销
*
2024年4月第 一 版 开本:720×1000 1/16
2024年4月第一次印刷 印张:12 1/2 插页:1
字数:216 000

定价:98.00元

(如有印装质量问题,我社负责调换)

总 序

出版清华 STS 文丛的想法缘起于 2018 年。那一年的春季，来自四面八方的校友聚在一起，庆祝清华 STS 的 40 周年。清华大学副校长杨斌在致辞中说：“40 周年是一个值得纪念的日子……”

众所周知，科学技术与社会（STS）是第二次世界大战以后人们开始高度关注的跨学科交叉领域。随着科学技术迅猛发展且广泛深入地作用于社会的方方面面，同时科学技术的进步也越来越受到政治、经济和文化因素的影响，科学技术与社会的关系成为重要的理论与实践问题。中国的 STS 与马克思主义经典理论自然辩证法的传播有着密切的关联。在中国 STS 领域中，于光远、查汝强、李昌、龚育之、何祚庥、邱仁宗、孙小礼等著名学者都出自清华大学。清华大学 STS 的建制化发轫于 1978 年春季。顺应世界科技革命的历史潮流和“文化大革命”后拨乱反正的新形势，清华大学成立了以高达声为主任，由卓韵裳、曾晓萱、寇世琪、丁厚德、魏宏森、姚慧华、汪广仁、范德清、刘元亮等中年教师组成的自然辩证法教研组（后更名为自然辩证法教研室）。教研组成立伊始，便参加了教育部组织的全国理工科研究生公共课程《自然辩证法》教材的编写工作；同年秋季，即面向改革开放以后第一批走入校园的理工科硕士研究生开设了自然辩证法课程。接下来，又开设了面向全校博士研究生的课程——现代科技革命与马克思主义。伴随着教学工作的开展，教研室同仁在科学技术哲学、科学技术史和科技与社会等相关学科领域展开了学术研究。1984 年，曹南燕、肖广岭作为改革开放以后新一代的研究生，加入到清华大学自然辩证法教师的队伍中。与之前的教师大都出自清华大学本科的各专业不同，他们是第一批自然辩证法专业的研究生。紧接着，王彦佳（1985 年）、宿良（1985 年）、刘求实（1988 年）、单青龙（1988 年）、张来举（1990 年）、周继红（1992）等新生力量也加入进来。1985 年，自然辩证法教研室获得硕士学位授予权，并开始招收自然辩证法专业的硕士研究生。

随着教学科研力量的不断壮大，着眼于推动我国 STS 的协调发展，魏宏森、范德清、丁厚德三位教师于 1984 年向学校提交了成立清华大学科学技术与社会研究室的报告，并于 1985 年获得了校长办公会议的批准，这是中国第一个以 STS 命名的教学科研机构（据丁厚德老师说，科学技术与社会研究室这一名称，最后是由高景德校长敲定的），魏宏森担任研究室主任。1986 年，研究室开始招收 STS 方向的研究生。

1993 年，为迎接 21 世纪到来，造就理工与人文社会科学相融合的综合型人才，创办世界一流大学，清华大学决定成立人文社会科学学院。自然辩证法教研室和科学技术与社会研究室升格为科学技术与社会研究所。魏宏森担任所长，曾晓萱担任副所长。科学技术与社会研究所作为清华大学文科复建中创办最早的机构之一，借用清华大学人文社会科学学院老院长胡显章的话说：科学技术与社会研究所是当初建院时的一个有特色的机构，它秉承了清华大学“中西融会、古今贯通、文理渗透”的办学理念与风格，同时又鲜明地展现了新时期清华大学人文社会科学发展的方向和特色。

来到世纪之交，清华大学 STS 迎来了新的发展。1995 年秋季学期以后，随着作为创业者的八位教授逐渐退出教学一线，科学技术与社会研究所由曾国屏（常务副所长，所长）、曹南燕（副所长）、肖广岭（党支部书记）组成了新一代领导集体。接下来高亮华（1995 年）、李正风（1995 年）、方在庆（1995 年）、蒋劲松（1996 年）、王巍（1996 年）、王丰年（1997 年）、王蒲生（1998 年）、吴彤（1999 年）、刘兵（1999 年）、雷毅（1999 年）、杨舰（2000 年）、张成岗（2002 年）、刘立（2003 年）、鲍鸥（2004 年）、吴金希（2005 年）、洪伟（2010 年）、王程韡（2012 年）等各位教师陆续进入科学技术与社会研究所。2000 年，科学技术与社会研究所获得了科学技术哲学博士学位的授予权；2003 年，科学技术与社会研究所获得了科学技术史学科的硕士学位授予权；2015 年，科学技术与社会研究所又进一步获得了社会学博士学位的授予权，由此强化了研究所自身交叉学科平台的属性。2003 年，科学技术与社会研究所建立了清华大学人文社会科学学院最早的博士后科研流动站。2008 年，清华大学“科学技术与社会”获评为北京市重点学科

（交叉学科类）。2009 年，随着曾国屏所长将学术活动的重心转向清华大学深圳国际研究生院，吴彤（所长）、李正风（副所长）、杨舰（副所长）、王巍（党支部书记）开始主持研究所的工作。2015 年，研究所换届，杨舰担任所长，李正风和雷毅担任副所长，王巍担任党支部书记。

2000 年，清华大学以人文社会科学学院科学技术与社会研究所为依托，成立了跨学科的校级研究中心——清华大学科学技术与社会研究中心，清华大学党委副书记、人文社会科学学院院长胡显章担任中心名誉主任，曾国屏担任中心主任，曹南燕、吴彤、李正风先后担任了中心副主任。中心作为清华大学 STS 的重要交叉学科平台，旨在借助清华大学多学科的资源，对日益重要且复杂的科技与社会关系问题展开跨学科研究，促进 STS 交叉学科建设，推进 STS 人才培养，提升清华大学乃至中国学界在 STS 领域的活力和影响。科学技术与社会研究中心先后聘请校内外专家蔡曙山、刘大椿、邱仁宗、罗宾·威廉姆斯（Robin Williams）、约翰·齐曼（John Ziman）、马尔科姆·福斯特（Malcolm Forster）、山崎正胜、徐善衍、刘闯、刘钝、曲德林、崔保国、苏峻、梁波、郑美红等担任兼职或特聘教授，而清华大学科技史暨古文献研究所和清华大学深圳国际研究生院人文研究所等共建单位的高瑄、戴吾三、冯立昇、游战洪、邓亮、蔡德麟、杨君游、李平等同仁，也都成为清华大学 STS 的中坚力量。此外，清华大学科学技术与社会研究中心还参与了中国科协-清华大学科技传播与普及研究中心的创建（2005 年），并将该方向上的工作系统地纳入清华大学 STS 教学与研究当中，成为研究生招生的一个方向。曾国屏、刘兵先后担任该中心的主任。受中国科学院学部的委托，清华大学科学技术与社会研究中心参与了中国科学院学部-清华大学科学与社会协同发展研究中心的创建（2012 年，李正风担任主任），进而强化了清华大学 STS 在国家科技战略咨询方面的探索和作用。清华大学科学技术与社会研究中心为了大力推动 STS 的发展，于 2007 年成立了科学技术与产业文化研究中心，主任先后由曾国屏、高亮华担任；于 2012 年成立了新兴战略产业研究中心，主任由吴金希担任；于 2013 年成立了社会创新与风险管理研究中心，主任由张成岗担任。伴随着 STS 研究的实践转型，2019 年成立了能源转型与社会发展研究中心，担任中心主任的是科学技术与社会研究所培养的何继江博士。

清华大学 STS 经过多年的建设和发展，在教学和科研中取得了丰硕的成果。同仁致力于从哲学、历史和社会科学这三大维度上推进中国 STS 问题的综合研究，并在中国科学技术的创新、传播和风险治理等重大战略和政策问题上，打破学科壁垒，开展卓有成效的工作。清华大学同仁独自或参与编写的教材中，有多项获奖，或者成为精品教材。受众最多的自然辩证法课程，长期以来连续被评为学校的精品课程，而面向博士研究生开设的现代科技革命与马克思主义课程，则获得了北京市优秀教学一等奖（1993 年）和国家教育委员会颁发的优秀教学成果奖二等奖（1993 年）。据 2011—2013 年的统计，科学技术与社会研究所教师共开设课程 57 门，其中全校公共课 24 门，本所研究生专业课（多数向其他专业学生开放）33 门。在回应国家和社会发展需求与学术前沿的理论探索中，本所同仁也做了大量的工作。其中前者如参与和独自承担了一大批国家科技攻关计划、国家星火计划、国家科技政策研究等重大课题，如国务院发展研究中心主持的"九十年代中国西部地区经济发展战略"研究、"关于我国科技投入统一口径和投资体系的研究"（获国家科学技术进步奖）、《国家中长期科学和技术发展规划纲要（2006—2020 年）》的起草和制定（获重要贡献奖）、《全民科学素质行动规划纲要（2021—2035 年）》的研究、《清华大学教师学术道德守则》和《研究生学术规范》相关文件的研究和起草、中国科学技术协会《科学道德与学风建设宣讲参考大纲》和《科学道德和学风建设读本》的编写、《中国科技发展研究报告》的编写、《中国区域创新能力报告》和中俄总理定期会晤委员会项目《中俄科技改革对比研究》报告的编写、《科技进步法》的修订，等等；后者体现为承担了多项国家自然科学基金和国家社会科学基金课题、教育部人文社会科学面上研究项目，诸如"基于全球创新网络的中国产业生态体系进化机理研究""同行评议中的'非共识'问题研究""深层生态学的阐释与重构""特殊科学哲学前沿研究""空气污染的常人认识论"，以及国家社会科学基金重大课题项目"科学实践哲学与地方性知识研究""新形势下我国科技创新治理体系现代化研究"等。在多年的探索中，清华大学 STS 获国家、部委、地方及学校奖励百余项。出版中外文著作数百部，在国内外学术期刊上发表论文千余篇，主持"新视野丛书""清华科技与社会丛书""科教兴国译丛""清华大学科技哲学文丛""中国科协-清华大学科技传播与普及研究中心文丛""理解科学文丛"等多套丛书，参与主办重要学术期刊《科学学研究》。清华大学 STS 举办的科学技术与哲学沙龙已过百期，科学社会学与政策学沙龙、科技史和科学文化沙龙也已持续多年。

清华大学 STS 坚持开放和国际化的理念与方针。面向社会的广泛需求，同仁在参与清华大学各院系工程硕士教学的同时，还独自或合作举办了多种类型的培训项目、国际联合培养项目和双学位项目。作为支撑机构，清华大学科学技术与社会研究中心在推动清华大学-日本东京工业大学联合培养研究生（双学位）项目的进展方面贡献突出；清华大学 STS 与多所海外大学和研究机构的同行建立了合作关系，包括哈佛大学、康奈尔大学、匹兹堡大学、佛罗里达大学、伦敦政治经济学院、爱丁堡大学、俄罗斯科学院自然科学与技术史研究所、莫斯科大学、慕尼黑工业大学、宾夕法尼亚大学、芝加哥大学、明尼苏达大学、早稻田大学等。清华大学 STS 与海外机构联合举办的清华大学暑期学校已持续多年，如“清华-匹大科学哲学暑期学院”“清华-LSE 社会科学工作坊”“清华-MIT STS 研讨班”等，在人才培养方面取得了良好的效果。此外，清华大学 STS 是东亚 STS 网络（学会）的发起单位，是该网络（学会）首届会议和第 12 届会议的组织者；主办了“第 13 届国际逻辑学、方法论与科学哲学大会”，以及中俄、中日等多个多边和双边国际学术会议。

最让清华大学 STS 同仁深感骄傲和自豪的还是这个学科背景各异、关注重心有别、争论不断却不失温情的群体，以及从这里陆续走向四面八方的朝气蓬勃的学生。他们一批又一批地来到清华园中，不断增添了清华大学 STS 的活力。三十几年中，从清华大学 STS 走出了数百名硕士研究生、博士研究生和博士后研究人员，还有数以千计的各类培训班学员。如今，他们活跃在海内外的高等院校、科研机构、政府部门、社团和企业，彰显着清华大学 STS 事业的希望和意义……

40 年是一个值得纪念的日子，对于一个人来说，40 岁正处在精力充沛、人生鼎盛的时期。在清华大学 STS 迎来自己的 40 周年之际，2018 年，因一级学科评估等原因，学校撤销了作为实体机构的清华大学科学技术与社会研究所。面对突如其来的变化，同仁一致认为，在科学、技术与社会的关系日益紧密，以及新兴技术带来日益增多的价值、规范、伦理挑战的时刻，我们应该以一如既往地努力和坚持，建设好被保留下来的清华大学科学技术与社会研究中心。与此同时，同仁一致决定编辑出版本文丛。这不仅是为了向过往的 40 年中几代人不懈的努力和求索致敬，更是为了在对过往的回顾和总结中，展望未来，探索新的发展路径。

最后，再简单地介绍一下清华大学 STS 最近的发展和动态。2021 年秋季，清华大学科学技术与社会研究中心进行了换届，李正风接替杨舰担任主任，副主任由王巍、王蒲生、洪伟担任。根据新修订的《清华大学科研机构管理规定》，该中心成立了新的管理委员会，其成员由清华大学社会科学学院、清华大学图书馆和清华大学深圳国际研究生院三家共建单位的负责人组成，中心成员坚持在服务国家的重大战略研究和 STS 相关的基础理论研究等方面积极努力地开展工作。其中包括 2019 年参与邱勇院士牵头的“克服‘系统失灵’，全面构建面向 2050 的国家创新体系”的中国科学院院士咨询项目（获国家领导人重要批示）；2022 年参与邱勇院士牵头的“突破‘卡脖子’关键技术问题的总体思路与针对性的体制机制建议”的国家科技咨询任务（获国家领导人重要批示），以及主持国家社会科学基金重大项目“深入推进科技体制改革与完善国家科技治理体系研究”、面上项目“社会科学方法论前沿问题研究”（2021 年）、国家自然科学基金专项“科研诚信知识读本”及“中美负责任创新跨文化比较研究”（2021 年）等。2023 年 8 月，清华大学科学技术与社会研究中心在清华园内召开了“清华大学 STS 论坛 2023”，各地校友线上线下 200 多人再次汇聚到一起，就“STS 视角下的中国式现代化”问题展开了热烈的讨论。在同年 11 月举办的“第十五届深圳学术年会学科学术研讨会”上，清华大学科学技术与社会研究中心举办了深圳挂牌仪式，并与深圳市社会科学院签订协议，在该院主办的《深圳社会科学》上共建“科技与社会”栏目。2023 年 12 月，清华大学科学技术与社会研究中心在清华三亚国际数学论坛举办工作坊，三家共建单位（清华大学社会科学学院、清华大学图书馆和清华大学深圳国际研究生院）的代表共聚一堂，商讨未来的发展大业……在 2024 年，清华大学科学技术与社会研究中心将在清华园中继续举办“清华-匹大科学哲学暑期学院”“清华-LSE 社会科学工作坊”“清华大学-宾夕法尼亚大学生命科学史与哲学”“清华大学 STS 国际工作坊”，除此之外，还将与哈佛燕京学社联合举办为期 9 天的 STS 研习营，围绕数字时代科学技术与社会前沿的理论与实践问题，展开深入的学习和探讨。已经成为中国和东亚 STS 学术重镇的清华大学科学技术与社会研究中心，正在一如既往地开展工作……

本文丛由四个分册构成，分别是《科学技术哲学与自然辩证法》《科学技术史与科学技术传播》《科学社会学与科学技术政策》《我与清华 STS 研究所》。前三册基于清华大学科学技术与社会研究所的三个支撑学科——“科学技术哲学”、“科学技术史”和“科学社会学”之划分，也是当初自然辩证法教研室成立以来同仁即重点关注的学科领域。第四册的文章选自清华大学 STS 30 周年和 40 周年时，新老教师和各地校友的投稿。关于各个分册的内容架构和编辑方针，各分册的主编已有介绍，不再赘述。有人建议对同仁的工作做一概括性的介绍，那实非笔者功力所及，而且，对于同仁在 STS 领域所开展的不同维度的讨论，丛书编委们的工作对上述需求已做出了初步的回应。新冠疫情 3 年，打乱了原定的工作节奏。感谢各分册编辑，如果没有他们的坚持和努力，很难想象这项工作能够圆满完成。众所周知，科学出版社一贯坚持高质量的工作方针，这就要求同仁在对书稿的审校中格外用心，付出更多的时间和精力。感谢邹聪编辑、刘琦编辑以及在初期做了大量工作的刘红晋编辑和原科学技术与社会研究所办公室秘书李瑶，同时也要感谢那些从未谋面，但在幕后一丝不苟地工作、细致入微的文案编辑们。没有他们的严格把关和具体指导，书稿的整理和加工很难达到眼下这个程度。读到这一篇篇的文章，无疑会让人回想起一路走来的岁月。说到岁月，同仁都不会忘记以陈宜瑾老师为代表的办公室工作团队。上述工作的点点滴滴，离不开他们的参与和支撑，在此一并表示衷心的谢意。当然，尽管同仁已格外努力，但文丛中还是会留下一些不尽如人意的地方，在此恳请读者不吝赐教的同时，也多多包涵。

最后，值“清华 STS 文丛”出版之际，愿同仁面向未来，继续以积极的姿态关注来自现实的需求，并向海内外同行不断发出学术探索中的清华声音。

杨　舰

2024 年 3 月于深圳大学城

前　言

2024 年 1 月，国务院学位委员会第八届学科评议组、全国专业学位研究生教育指导委员会更新了《研究生教育学科专业简介及其学位基本要求》(以下简称《基本要求》)。在《基本要求》中，“科学技术与社会”(STS)被列为“科学技术史”的二级学科。可惜以清华大学、北京大学为代表，曾经在各个高校中十分活跃[①]的 STS 研究机构[②]，“不知什么时候倒在半道”。就连作为中国第一个 STS 实体机构的清华 STS 所[③]，也难免“消失在天亮时分”的命运[④]。

如何定位“消失”其实是一个哲学问题。在中国古代，人们会用玉石祛除邪祟，以期尸骨不朽。在西方的生物医学体系中，脑死亡的器官捐献者也可以将“生命的礼物”(gift of life)馈赠给有需要的人士，帮助延续其生命。那么对于机构而言，“消失”又意味着什么？是建制上的拆除，是人员上的解散，还是社会性的遗忘？身处其中的我们恐怕永远都无法给出完满的答案。所以，这里尝试将目光集中在“消失”的对立面，讲她从无到有的过程，以资纪念。

1977 年 8 月，在教育部组织召开的高等院校理科教材座谈会上，与会代

---

① 据不完全统计，清华大学、北京大学、北京航空航天大学、北京化工大学、天津大学、内蒙古大学、山西大学、东北大学、哈尔滨师范大学、西安交通大学、复旦大学、上海大学、南京农业大学、浙江大学、武汉理工大学、中南大学、河南师范大学、涪陵师范学院、广西师范大学等均建立过科学技术与社会的相关研究机构。

② 张碧晖，等. 科学学在中国. 北京: 知识产权出版社, 2008: 125.

③ 在本文集中称科学技术与社会研究所、科技与社会研究所、科技所、STS 研究所、STS 所等。为尊重原作者，在选编文章时保留原貌，未加改动。

④ 倪思洁. 中国科技与社会研究要不要建制化发展？. 中国科学报, 2022-07-29(004).

表们讨论了将“自然辩证法”纳入理科教材体系的可能性。这是同年春中国科学院、中国科学技术协会和中国社会科学院哲学研究所联合召开的自然辩证法座谈会上所提出的建议[①]。清华大学马列主义教研室的高达声闻讯积极同《自然辩证法讲义》编写组取得联系，会同魏宏森参加了“第三篇 自然科学方法论”的编写。

在马列主义的框架之下，“自然辩证法”在中国并不是新生事物。事实上早在 1956 年 6 月，中国科学院哲学研究所就成立了自然辩证法研究组，中国科学院学部委员于光远亲任组长。中国自然辩证法研究会（筹备会）也在邓小平的支持下，于 1978 年获准成立。同年，于光远等人甚至还首次在中国科学技术大学研究生院（现中国科学院大学）招收自然辩证法硕士研究生[②]。

但对于清华大学而言，参编全国性的教材却是突破性的。一方面，1952 年，中国的高等院校仿照苏联模式加以重组。原本仿照美国综合性大学建立的清华，成为多科性工业大学。原有的文学院和法学院各系分别合并到北京大学等校。学校只保留了一个很小规模的政治课教研室[③]，以及蒋南翔校长极力主张保留的全部文科图书[④]。1977 年 11 月，在上海师范大学召开《自然辩证法讲义》第一次编写会议时，清华大学的马列主义教研室甚至还没有成立。另一方面，自然辩证法的含义也悄然发生了变化。新中国成立初期，自然辩证法是“联系科学家、指导他们的科学研究、管理他们的思想”的政治工具。改革开放后，自然辩证法已经成为一个“大口袋”，“关注社会现实、关注科学技术的发展前沿”，甚至按照于光远的设想，自然辩证法应该成为与哲学并列的一级学科。1979 年创刊的中国最早的 STS 杂志《自然辩证法通讯》也有一个赫然不同于国际学界的副标题：“关于自然科学的哲学、历史和科学学的综合性理论性杂志”（在范岱年的建议下于 1981 年开始添加）。但显然，清华大学并不了解这些变化。这从 1978 年，马列主义教研室复建后仅成立了中共党史、政治经济学和哲学三个教研组就可见一斑。

通过参编教材，高达声和魏宏森深刻地体会到了从传统的马克思主义哲学转向科技哲学、科技史和科学社会学研究的必要。在他们以及卓韵裳（后调离工作）的倡导下，通过教研室内部“自愿报名”的方式，自然辩证法教

---

① 《自然辩证法讲义》编写组. 自然辩证法讲义(初稿). 北京：人民教育出版社, 1979: I.

② 吴国盛. 中国科学技术哲学三十年. 天津社会科学, 2008, (1): 20-26.

③ 1957 年夏季后，政治课教研室各课程暂停。直至 1960 年，清华大学恢复了政治课教研室工作，为研究生开设了“自然辩证法经典著作导读”课程。1966 年，教研室工作再次陷入停顿。原教研室教师被下放到各系参加有关时事政策学习的辅导工作。

④ 方惠坚, 张思敬. 清华大学志：下册. 北京：清华大学出版社, 2001: 221-228.

研组（室）终于1979年宣告成立[①]。

按照寇世琪[②]老师的说法，尽管“需要再一次从头开始边干边学”，但却是她“非常向往”的岗位：

> 因为自然辩证法是自然科学技术与哲学、社会学的交叉学科……从事与科学技术有关的教学和研究，与自己年轻时的梦想是相通的。

成立教研组并将研究中心聚焦于“老三论”中的控制论和系统论的做法，甚至得到了钱学森的支持。钱老回信说[③]：

> 我们应该形成一个研究集体。也搞点接力。

于是，魏宏森带领曾晓萱、寇世琪、范德清、刘元亮、姚慧华等几位老师一边坚持每月到钱老办公室讨论，最终形成了《科学认识论与方法论》（1987年）这部有着时代特色的集体著作；一边通过研读经典、旁听其他院校类似课程和分工备课等方式，上好自然辩证法课程，帮助同学们懂得“我们国家要赶上世界先进水平，还得靠马列主义、毛泽东思想这个克敌制胜的传家宝……这个道理”（钱学森语）[④]。

在自然辩证法课程的教学中，老师们也开始酝酿自己编写特色教材。考虑到教研组教师在专业结构上的优势，教研组决定首先从编写科技史教材（暂定名《科学技术史纲要》）入手取得经验，然后再进一步扩展。在编写过程中，教研组教师们也充分注意到回应三次技术革命的影响，以及中国科学技术落后的原因等深层次问题。1982年，《科学技术史讲义》初版印数4万册，两年后第二次印刷又印了4万册[⑤]。自1982年下半年，教研组也开始在清华大学开设了面向全校的人文类选修课——科学技术史[⑥]。

在教研组积极开展教学、科研活动的同时，清华大学也在学校层面探索

---

① 按照魏宏森（本书第一编第一篇）的说法，自然辩证法教研组成立于1978年3月。考虑到记忆的准确性，编者以《清华大学志》中给出的时间为准。

② 寇世琪. 感悟教学生涯//《清华大学文科的恢复与发展》编辑组. 清华大学文科的恢复与发展. 北京: 清华大学出版社, 2011: 153-157.

③ 魏宏森. 钱学森与清华大学之情缘. 清华大学学报(自然科学版), 2008, (11): 1873-1882.

④ 刘元亮. 难忘的往事//《清华大学文科的恢复与发展》编辑组. 清华大学文科的恢复与发展. 北京: 清华大学出版社, 2011: 181-189.

⑤ 汪广仁.《科学技术史讲义》编著前后//杨舰, 戴吾三. 清华大学与中国近现代科技. 北京: 清华大学出版社, 2006: 347-351.

⑥ 高达声, 寇世琪. 大学生要学点科学技术史. 教育研究通讯, 1983, (1): 56-59.

着文科发展的思路。1982年，上海复旦大学中文系教授蒋天枢给中央领导陈云写信：

> 由于科学的发展，牵涉到两种或两种以上学科的所谓“边缘学科”越来越多，例如，需要文科和工科共同研究……今后似宜迅速创办多种学科的综合性大学。作为试点，是否可以清华大学为基础来试办。①

1983年2月5日，清华大学党委常委会专门讨论了文科建设问题，确定了建设文科的思路和方案，并于3月22日以《关于清华大学建设文科的全面报告》的形式向教育部党组做了正式汇报。1984年4月，在马列主义教研室的基础上，旨在培养“基层的政治工作干部或大、中学政治课教师”的社会科学系宣告成立。自然辩证法教研组（室）也开始在学校文科发展的新思路下寻找自己的定位。

囿于条件，自然辩证法教研组只能通过文献调研的方式了解国际学术界类似机构的发展情况。好在1981年，《自然辩证法通讯》就发文介绍了美国麻省理工学院（MIT）“科学技术与社会计划”的基本情况。受到这个启发，教研组在提交给学校的报告中，新机构的两个建议名中都包含了建议名称为科学技术与社会相关的表述。考虑到研究室的名称不宜过长，时任清华大学校长高景德一锤定音，决定将“科学技术与社会”作为其最终名称。

历史已逝，但记忆总可以是生动、炽热——哪怕是短暂的。于是，我们以STS所30、40周年所庆的部分文章为底本，编纂了本书②。毕竟当一个机构“消失”时，曾经和她有过联系的每一个人都留存了哪怕只有一点点的无处安放的思念。也诚挚地希望这些鲜活的文字，可以成为STS所广大师生偶尔可以“返校”的“记忆之场”。

王程韡
2024年1月25日
也西湖畔

---

① 文科建设处. 新时期清华大学文科的建设与发展//《清华大学文科的恢复与发展》编辑组. 清华大学文科的恢复与发展. 北京：清华大学出版社，2011: 3.

② 曾晓萱老师《我和研究生在一起的日子》和刘元亮老师《难忘的往事》两篇文章曾收录在《清华大学文科的恢复与发展》中。考虑到其最初系为STS所30周年所庆所做，亦收录到本书中。

目　录

一起走过

水木情深

风物闲美

历史回眸

科技与社会研究所创立的历史回眸

| 魏宏森 |

清华大学科技与社会研究所（The Institute of Science, Technology and Society, Tsinghua University，简称清华 STS 研究所）是在 1993 年随着人文社会科学学院的建立而同时正式命名的。但它的创建应该追溯到 1978 年初成立的自然辩证法教研组（室），它是在改革开放的浪潮中涌现出来的新生事物，它的发展经历了创建、创新和发展三个阶段。

一、创建阶段（1978—1984 年）：成立自然辩证法教研组（室）

1978 年春，在全国科学大会的春风感召下，被压抑多年的一群青年教师意气风发，在高达声同志的率领下，集结了十名教师，创建了自然辩证法教研组（室）。为了培养新中国的科学登山队——研究生，他们以极大的热情和忘我的精神投入自然辩证法的研究与教学工作。其成员如下。

姓名	原系	毕业年份	原教学课程	原职称	现职称
高达声	电机系	1957	哲学	讲师	教授
卓韵裳	工物系	1958	哲学	讲师	—
曾晓萱	机械系	1955	经济学	讲师	教授

续表

姓名	原系	毕业年份	原教学课程	原职称	现职称
寇世琪	动力系	1958	党史	讲师	教授
丁厚德	水利系	1959	经济学	讲师	教授
姚慧华	电机系	1958	哲学	讲师	教授
汪广仁	水利系	1960	哲学	助教	—
魏宏森	电机系	1960	经济学	助教	教授
范德清	土木系	1961	哲学	助教	教授
刘元亮	工物系	1964	哲学	助教	教授

1978 年 3 月自然辩证法教研组（室）刚刚组建，高达声、魏宏森就参加了由教育部组织的为全国理工科硕士研究生教学急需的教材——《自然辩证法讲义（初稿）》的编写工作，高达声积极参与并组织领导了“第三篇 自然科学方法论”的编写，他亲自写了第一章“观察和实验”，魏宏森写了第七章“控制论方法和系统方法”。该教材于 1979 年出版并公开发行几十万册，为我国自然辩证法课程的教学和专业建设奠定了基础。

1978 年 9 月，清华大学第一批 400 多名硕士研究生进校，高达声、姚慧华、魏宏森三人合作分段为他们教授了“自然辩证法”“科学方法论”课程，受到了 1978 级研究生的热烈欢迎。

为了适应新课程教学的需要，他们一行十人，放弃了原来的专业和已熟悉的教学课程，勇于挑战，从头学起，重新开始探索新学科、新课程的教学内容与规律。他们虽然都是本校各系各专业毕业后留校的教师、双肩挑干部，有些人还是优秀毕业生奖状或金质奖章的获得者，在原来各系曾经担任了业务课的教学，但 1959 年以后，他们服从党的需要，真心实意来到政治理论课的教学阵地，本着科学与哲学相结合、科学家与哲学家结成联盟，运用马克思主义理论指导科学技术工作的美好愿望而来，并且在这块阵地上已踏踏实实耕耘多年，积累了不少教学经验。然而面对科学技术的突飞猛进和陌生的自然辩证法课程，在新形势、新课程、新任务的紧迫推动下，痛感自己所学的科学知识严重老化和不足。于是他们随清华大学硕士生的课程，边教学，边听课，如饥似渴地系统学习了新的科学知识，如量子力学、耗散结构、线性代数、数理逻辑、计算机、系统工程、信息论、控制理论、人工智能、协同学以及西方科学哲学等课程。寇世琪、刘元亮专程去广州参加自然辩证法研讨班。他们发扬“甘当小学生”的精神，力求把马克思主义理论与最新科学知识相结合并引入课堂，不断充实、丰富课程内容，目的是更好更快地适应教学；他们发扬集体主义精神，对每讲内容都集体备课，取长补短，并不断地深入学生中去听取意见，使得自然辩证法教学不断创新，深受广大研究生的欢迎，教学效果良好，经久不衰。

在这期间，自然辩证法教研组（室）集体编著了《科学技术史讲义》（1982年），并在全国各种报刊上发表了近百篇论文。其中一些著作和论文还获得了北京市哲学社会科学优秀成果奖的好成绩。

1985 年自然辩证法教研组（室）获教育部批准硕士授予权并开始招收硕士研究生。值得一提的是，曹南燕、肖广岭作为第一批正规自然辩证法硕士研究生毕业后来校参加教学科研工作，为本来已经老龄化的队伍补充了新生力量。

二、创新阶段（1985—1997 年）：创立全国第一个科学技术与社会研究机构

在世界新技术革命浪潮推动下，我国改革开放特别是科学技术与社会的互动发展达到了新阶段。在国务院发起召开新技术革命对策研讨会的启示下，为了适应新的发展形势，进一步改革教学，提高教学质量，更好地为建设中国特色社会主义事业服务，培养适合国家新时期发展需要的人才，自然辩证法教研组（室）从 1984 年开始系统收集美国和西欧 STS 研究机构及其发展现状。1984 年魏宏森、丁厚德、范德清三人正式打报告，向学校建议创立科技与社会的协同发展机构，建议名称为“科学技术与经济社会协调发展研究和培训中心”或“科技与社会系统工程研究室”。1985 年 5 月 16 日，经校长办公会议批准，正式成立了 STS 研究室，主任为魏宏森，党支部负责人为范德清。这是我国第一个以 STS 命名的与国际接轨的研究与教学机构，它成为清华大学自然科学与社会科学相结合的交叉科学新型组织。研究室于 1986 年开始招收 STS 方向的研究生。

1993 年学校决定整合全校人文社会科学教学机构，正式成立了人文社会科学学院，原自然辩证法教研组（室）和 STS 研究室整合为 STS 研究所，任命魏宏森为首任所长，曾晓萱为副所长。

从 1985 年开始，该所结合我国社会主义发展的迫切需要，除担负全校

硕士、博士研究生的教学任务和大学本科生的选修课以外，还进行了有中国特色的 STS 研究与教学工作，先后开设了多门有关“科技与社会”的理论与实际应用相结合的课程，并在 1986 年招收了首届 STS 专业方向的研究生。部分教师还成为校级跨学科软科学研究机构（如技术经济与能源系统分析研究所）的兼职研究人员，承担了国家科学技术委员会与欧洲共同体合作课题和中、韩、美国际合作项目。

1985 年先后举办了两届系统科学与区域发展战略和规划的培训班，共招收 100 多名学员，学习期限为 1—3 个月。这些学员来自全国 50 个省、市政府机关，大多是具有实际经验的中层领导和技术骨干。他们回到本单位后，也能运用学到的知识，发挥作用、积极贡献。在培训工作的基础上，研究所组织编写了《发展战略与区域规划》（1988 年）等专著。接着完成了北京、哈尔滨、鞍山、海南、白山等省市的科技与社会经济协调发展的系统动力学（Systems Dynamics，SD）模型，为地区发展战略与规划提供了科学决策依据，深受地方政府部门的好评。其中多项规划成果获省、市优秀奖。1989 年，我们还作为专题组成员参加了由国务院发展研究中心马洪主持的“九十年代中国西部地区经济发展战略”的研究①。这些实践活动，不仅为丰富 STS 的理论提供了素材，而且把 STS 某些理论与中国实际相结合，并收到了实际成效。

与此同时，研究所的老师们还注意从理论上研究科技发展与社会进步的相互关系，发展科技与社会协调发展的理论与方法。这些理论工作又反过来支撑了中外科技政策比较研究、工程研究中心以及中国科技园区发展研究等实际工作。为了进一步打开与国外直接联系的渠道，曾晓萱与曹南燕先后赴麻省理工学院（Massachusetts Institute of Technology，MIT）STS 中心进修。

截至 1995 年，研究所承担并完成了国际、国家、省、市、县级科研课题 50 多项。其中国家自然科学基金 9 项，国际合作项目 8 项，国家科学技术委员会、国家计划委员会、国家教育委员会、国务院发展研究中心等科研课题 24 项，与地方政府部门合作完成科技、经济、社会协调发展战略规划 10 项。许多成果直接被政府部门采纳，并取得了较好的社会效果，多项获得了国家级、省部级政府部门的奖励，其中一项曾获国家科学技术进步奖三等奖、国家科学技术委员会二等奖，这是清华大学人文社会科学学院的一项历史性突破。研究所在国内外主要报刊上发表论文 400 多篇（其中国

---

① 编者注（下同）：研究于 1991 年结集出版。参见：吴明瑜. 九十年代中国西部地区经济发展战略. 北京：华夏出版社, 1991.

外发表 13 篇）。

1987 年高达声、寇世琪参加了国家教委社会科学研究与艺术教育司组编的第二本教材《自然辩证法概论》的编写与修订工作[①]。此教材曾获过国家教委优秀教材成果奖。在校内，研究所里的老师们也积极进行了教学改革，不断吸取最新科学技术成果，并将在实践中获得的丰富的、鲜活的第一手资料，不断地充实到教学中去，提高了教学质量，改进了教学形式和教学方法。特别是对博士研究生的“现代科学技术革命和马克思主义”理论课程，敢于不断进行教学改革，大胆创新，提出研究生教学的“两级火箭”理论，对硕士与博士研究生教学实行两套方案、两类师资队伍、两种考核制度……组织了科学家与哲学社会科学家联盟的高水平师资队伍，建立了严格的科技哲学论文考核制度，使教学不流于形式，收到了实际效果，真正使博士研究生把学到的马克思主义理论运用于他们的业务学习和科研工作中去。博士研究生们能写出理论联系实际的高质量的自然辩证法论文，其中部分优秀论文汇编在《清华博士对现代科学技术的哲学探索》（1996 年）文集中。

该研究所在此阶段共培养研究生 60 多名，这些研究生在校期间不仅学习了理论，而且参与了大量的实践活动，在理论与实践的结合中得到了培养和锻炼。分配后他们各自在本单位取得了重大成就，发挥了重要作用，有的成为领导骨干或学术带头人。

该研究所长期对硕士和博士研究生进行“自然辩证法”“当代科学技术革命与马克思主义”的教学，截至 1997 年已对约 2 万名硕士和 6000 多名博士研究生进行了课程教学，效果较好，受到研究生们的普遍欢迎。1993 年获得了北京市优秀教学一等奖和全国普通高等学校优秀教学成果二等奖。

三、发展阶段（1998 年至今）

1995 年 9 月以后，第一批参加建所的八位老教授年事已高，面临退休。为了使清华大学科技与社会的教学与研究队伍继续发展壮大，后继有人，全所民主选举了曾国屏为所长，曹南燕为副所长，肖广岭为党支部书记，经学校批准后，主持全所教学与科研工作。1997 年以后，八位老教授陆续退休，为了解决当时所里人才青黄不接的困难，老教师被延聘并分担了部分教学任务，1999 年全部退出教学第一线。新任所长曾国屏和副所长曹南燕不负众望，

---

① 该教材出版于 1989 年，修订版出版于 1991 年。

积极开展了教学和科研的领导工作，在全国范围内招聘了优秀人才，他们分别是吴彤、刘兵、李正风等教授，建立了一支年富力强、朝气蓬勃、团结合作、颇具实力的队伍。清华大学于2000年获得科学技术哲学博士学位授予权，招收了本专业的博士研究生，2003年建立了博士后科研流动站。

在新的领导班子的带领下，全所齐心合力，事业蒸蒸日上，无论在教学还是科学研究上都取得显著成绩。全所发表的著作、论文无论是在数量上还是质量上都有所突破，该研究所已成为我国该领域中富有实力的研究机构之一，其已进入了新的大发展时期，有望争取更大突破。

（本文写于2008年30周年所庆之际）

我在清华大学开展科学学教学与研究的回顾

| 丁厚德 |

我是在 20 世纪 70 年代末 80 年代初进入科学学教学和研究领域的。当时大学和科学界对科学学的认识并不一致，我们向学校申报的教学体系、课程设置，受到过多次质疑。为此，我们主动收集了国际同行在机构设置、教学科研等方面的做法，才逐步开展了工作。

一个基本的想法，促成我和同事们在清华大学开展了科学学的教学。我认为一个新学科，必须进入大学的讲堂，得到科学界的认同，并为未来年轻的科学工作者所追求，才能在科学知识的体系中占有一席之地。所以，当 20 世纪 70 年代末和 80 年代初，科学学在中国传播后，在全国研究新技术革命战略对策的形势下，于 1983—1984 教学年度，我与魏宏森、范德清在清华大学第一次开设了“科学学”课程，1985 年我又开设了“新技术革命与发展战略”课程，之后这两门课就由我连续开设。

1985 年，科技与社会研究室申报的自然辩证法硕士学位点获得批准，其下设了四个研究方向，“科技战略与科技政策”为其中之一，同时确定“科学学与科技战略”为学位课程（2 学分），1988 年由我指导该学位点“科技战略与科技政策”研究方向的第一位硕士研究生，我讲授“科学学与科技战略”学位课程，此后该研究方向的研究生连续不断地入学和毕业。当时清华大学因校内体制问题，虽然具备了条件，却不能申报科学学的硕士学位点和博士学位点。1989 年我申报了科技哲学博士学位点，由于受到某些因素的影响，已上报的申请被撤销，这就推迟了清华大学科技哲学博士学位点的设置，因此科技与社会研究室里的一批早期学科带头人，因年龄因素，未能担任指导博士研究生的工作。

科学学的研究是科学学教学的基础，我作为科技与社会研究室“科技战略与科技政策”研究方向的早期学科方向带头人，从20世纪80年代中期起，一直从事科学学的研究工作。我认为科学学研究的主要焦点为以下四个方面：科学技术知识体系的自我认识（性质、规律、趋势），科学技术的社会功能，社会的科学技术能力，科技、经济、社会协调发展。科学学研究的实践性是提升社会认识、支持科学学发展的生命线，无论是理论科学学还是应用科学学都应该如此。所以，科学学要在应用实践中，为发展开辟道路，我的研究工作重点也转向了科学学的实践性上来。

我完成的科研成果主要都是有关科学学的研究。例如，完成了“关于我国科技投入统一口径和投资体系的研究”重大软科学项目[①]，该项目是1990年中共中央政治局常委在中南海与科学家讨论中国科技投入时确定的研究项目，由国家科学技术委员会牵头，6个国家部委负责组成协调小组，并成立专家组，我担任专家组负责人。1991年由国家科学技术委员会组织新闻发布会，我代表专家组向全国新闻媒体作了研究成果主题报告，正式公布了中国第一个研究与试验发展（R&D）经费投入/国民生产总值（GNP）的数值、全国科技投入宏观总貌性指标及测算。《人民日报》、《科技日报》、《经济日报》、《光明日报》、《工人日报》、中央电视台、中央人民广播电台等，均在第一版或重要新闻版块，作了显著报道，在国内外引起了很大反响，受到了联合国相关组织的关注。

1991年第七届全国人民代表大会第四次会议召开，大会组织机构将该项研究成果《我国科技投入口径问题协调研究工作取得重要进展》，分发给每位代表及全国政协委员，作为参政、议政的重要依据。其后国家科学技术委员会、国防科学技术工业委员会、财政部、国家统计局、中国科学院的主要领导，都采用了该研究成果。

我的其他研究工作，也与科学学有密切的关系。

例如，中国科技体制改革的突破口——科学事业费拨款制度改革，从1986年开始。我于1989年完成对该项改革进行评估的课题，经国家科学技术委员会组织鉴定通过，获得国家科技成果证书。1989年12月在科学计量学与学科发展战略国际会议上，我宣读了论文《中国科技经费拨款改革评价

① 参见：国家教育委员会科学技术司，上海高校软科学联合研究中心. 高等学校重大软科学研究获奖成果选编（1990～1992）. 上海：上海交通大学出版社，1994: 83-84.

分析》。

再如，完成国家自然科学基金项目6项，有4项作为负责人，均为科学学的研究内容："全社会科技投入及运行机制研究""科技成果转化为现实生产力及资金投入""自然科学基金（信息学科）项目实施后效及政策分析"，以及自然科学基金重点项目"科技资源的优化配置与管理"（国家自然科学基金重点项目）；另外两个项目是合作者，分别为"科学基金同行评议""区域发展战略与规划的理论与方法比较研究"。

例如，我完成的国家软科学基金项目、国务院部委软科学基金项目包括"增加全社会科技经费投入的渠道和可实现性研究""我国科技贷款项目实施后效分析""我国产学研合作的政府行为与政策实施""我国科学（基础研究）发展的资金支撑条件""科技体制改革的理论问题研究""产学研合作模式和利益分配研究""我国全社会科技投入口径的若干规定""高新技术产业开发区在经济发展中的地位和政策研究"等，都属于科学学的应用研究。

在科技与社会研究所退休后，我于1998—2006年为国家科技评估中心特聘研究员，从事科技评估研究和实务工作。主要工作有：①完成了国家重大产业工程专项"电动汽车科技产业工程项目"的评估（为主评估人）；②完成了国家高科技研究发展计划（863计划）十五年（1986—2000年）评估中的《海洋领域评估报告》（为评估观察组组长）；③参加了工程技术研究中心验收评估；④参加了863计划项目立项经费预算评估；⑤参加了国家重点基础研究发展计划（973计划）项目立项经费预算评估；⑥参加了973计划项目经费决算评审；⑦参加了973计划评估；⑧参加了"国家科技计划项目预算管理方法与制度研究"的研究工作；⑨参加了"科研院所技术开发研究专项资金项目预算"的评估；⑩参加了"国家重点实验室经费支出调查分析研究"项目；以及有关国家科技计划经费管理规范、制度等的研究。

我发表的有关科学学的著作包括：《发展战略与科学决策》（专著）、《中国科技运行论——科技战略与运行管理》（专著）、《决策科学手册》（合著）、《科技投入论——关于我国科技投入统一口径和投资体系的研究》（合著）、《发展战略与区域规划》（合著）、《同行评议方法论》（合著）、《合作模式与利益分配》（合著）、《1996—2050年中国经济社会发展战略》（合著）、《科技资源论》（合著）、《创新资源配置协调论》（专著）等。发表有关论文共计90余篇（含内部研究报告），如在《科学学研究》期刊发表的第一篇文章是《国际人才交流与人才培养》（1988年），对早期清华留学生史作了比较分析。

科学学研究在中国得到了发展，即由少数人的研究到形成了研究团队。记得在1983年全国科学学教学和学科建设学术讨论会（是魏宏森老师要我代他去的）上，我住在首钢的一个招待所，住的是上下铺，张碧晖老师（现为研究会的常务副理事长）从武汉来晚了，只能睡上下床的上铺（我在下铺），我们开会没有会议室时，就在放了四个上下床的宿舍里讨论，但是大家很开心，很认真地研究学科未来的发展。我担任过一届中国科学学与科技政策研究会的理事，后来曾国屏老师被选入研究会理事会，任副理事长。依托STS研究所成立的清华大学科学技术与社会研究中心已成为《科学学研究》的合办方之一，与科学学领域的教学和研究工作越来越密切，希望其能作出更多的贡献。

（本文写于2008年30周年所庆之际）

难忘的往事

| 刘元亮 |

一、第二次改行

粉碎“四人帮”后，邓小平同志复出，他自告奋勇抓教育和科技，1977年恢复高考，1978年恢复招收研究生。高达声、卓韵裳受命组建自然辩证法教研组（室），从马列主义教研室招募来8名志愿者：来自党史教研组的寇世琪毕业于动力系，来自经济学教研组的曾晓萱毕业于铸工专业、丁厚德毕业于水利系、魏宏森毕业于电机系，来自哲学教研组的高达声、姚慧华毕业于电机系、我和卓韵裳毕业于工物系、汪广仁毕业于水利系、范德清毕业于土木系。当初，大家服从组织分配来到马列主义教研室任教已经历了一次大改行，好不容易适应了新的教学岗位，这时为了准备给研究生讲授自然辩证法课，又服从需要来了个第二次改行。1978年初自然辩证法教研组（室）宣告成立，高达声任副主任（后改为主任），卓韵裳为第一任支部书记。自然辩证法学科的创立是同恩格斯分不开的，恩格斯倾十年之力，广泛涉猎当时自然科学的主要领域，力图从中总结出自然界的辩证法、科学技术的辩证法以及人类认识自然、改造自然的过程的辩证法，但只留下了10篇大体完成的论文和100多篇研究札记，就再也没有机会回到这个研究工作中来。列宁在物理学革命的新的历史条件下，为了捍卫辩证唯物主义思想路线，回应唯心主义形而上学的挑战，写了《唯物主义和经验批判主义》。毛主席把马克思主义的普遍真理同中国革命的具体实践相结合，写了《实践论》《矛盾论》，树立了马克思主义中国化的楷模。教研组（室）成立之初，自然辩证法课连教材都没有，大家就靠一边研读上述经典著作，一边搜集相关的科学技术史和科学方法论的资料来进行备课。派人去参加广州、北京高校组织的自然辩证法研讨班、讲习班，旁听兄弟院校的自然辩证法课，也是重要的学习方式。

20 世纪特别是第二次世界大战以后科学技术的飞速发展，不但大大超出了经典作家进行理论概括时的水平，而且也使我们这群理工科出身的教师的知识储备相形见绌。因此，我们必须一边当先生，一边当学生，为了当先生，必先当学生，甚至常常要让学生当我们的先生。学生常常惊讶地发现我们在和他们同堂听课。清华大学的许多前辈名师曾谆谆告诫我们，要给学生一桶水，自己先得准备十桶水。当学生时，听大师们讲课，见他们举重若轻，深入浅出，旁征博引，如数家珍，常对此赞叹不已。待到自己登上讲台，方才知道要备足这“十桶水”着实不易。总计起来第二次改行后，我们每人听课和自学不下数十门，包括线性代数、概率论与数理统计、数理逻辑、形式逻辑、模糊数学、近代物理、量子力学、计算机、控制理论、信息论、系统工程、耗散结构、协同学、普通生物学、脑科学、心理学、细胞生物学、分子生物学、科学学、科学哲学、科学方法论、科学史、技术史、哲学史……

二、巨人的肩膀

牛顿有句脍炙人口的名言：“如果我看得更远，那是因为我站在巨人的肩膀上。”①

上半年教研组（室）成立，下半年几百人的助教进修班和首批硕士研究生就进校了。我们中谁也没系统讲授过自然辩证法课，如何才能又好又快地把课开出来？教研组（室）发动大家出主意，最后决定：首先，大家共同讨论大纲，然后，分工备课，每人重点准备一部分，谁备哪一章，谁就登台试讲，大家都去听，认真做笔记，注意学生的反应，回来再一起讨论、补充、修改。这样，既发挥了每位教师的长处和优势，并把它变成大家的共同财富；又有利于发挥集体智慧，集中优势兵力，打歼灭战，避免每个人都用十个指头摁跳蚤，匆忙准备出来的每个章节都像蜻蜓点水，难以保证高质量。用高达声的话来说，就是“让每个人都当一当第一小提琴手”。

---

① “站在巨人的肩膀上”这个说法至少可以追溯到 12 世纪沙特尔的贝尔纳（Bernard of Chartres）。参见：Stock B. 1979. Antiqui and moderni as “Giants” and “Dwarfs”: a reflection of popular culture? Modern Philology, 76(4): 370-374.

我至今还记得，在讲绪论课时，曾晓萱是如何通过提问学生“什么是主观辩证法，什么是客观辩证法”从而引出恩格斯关于辩证法和主客观关系的论述的；高达声是如何通过引述列宁关于工程师、农学家……和地下宣传员、著作家承认共产主义的不同途径的论述，来说明科技知识分子学习自然辩证法的有利条件和必要性的；在讲近代自然科学诞生背景时，范德清是如何用“资本主义生产方式的兴起，为近代自然科学诞生提供了根本动力；资产阶级反封建的革命斗争，为近代自然科学诞生开辟了道路”这样言简意赅的语言使学生加深印象的……经常互相听课，吸收每位“第一小提琴手”的长处，加上自己的努力，就使每位教师的讲课都像“站在巨人的肩膀上”一样，保持较高的水平。

有人曾把自然辩证法学科比喻为一个大口袋，因为它涉及的学科门类实在是太多了，而且每个门类还在不断发展中，要靠个人的力量去追踪，就好比“夸父追日”，不说绝无可能，即使能追上，也是远水解不了近渴。例如，在教学中我们常会碰到不少科学技术史方面的案例，欲得其详就得查资料。我们经常感觉到我们自己和我们的教学对象对科学技术史的不熟悉时时妨碍着对相关理论问题的理解和探讨。最初的对策是分工合作，围绕教学的需要编写了一批“科学技术史案例”以供教师备课参考。但是学生怎么办？当时国内还没有一本适用的科学技术史教材，于是我们萌发了自己动手编写《科学技术史讲义》的念头。1982 年，依靠全组共同努力，广泛搜集资料，集体讨论，分工执笔，我们初步完成了这项任务。经过校内外教学试用，由清华大学出版社正式出版，被学界认为是近年来出版最早的一部科技通史，全书 26 万字，首次印刷 4 万册，中国科学技术协会一次就订购了 6000 册。我们还应邀为中国科学技术协会一、二、三期干部班讲授了科学技术史课程。

考虑到清华大学 1952 年院系调整后主体是一所多科性工业大学，学生们增加些技术史方面的知识也很必要，为了弥补《科学技术史讲义》中技术史内容相对不足的缺陷，我们又集中全力，分工合作，编著了一部 66 万字的《近现代技术史简编》，它填补了国内尚无一部较系统的近现代世界技术发展通史的空白。我们另一部学术专著《科学认识论与方法论》也是这样靠集体分工合作完成的。

要想站在巨人的肩膀上，就要乐于并善于分工合作，发挥集体的力量。

三、钱老指导我们写书

20 世纪 70 年代末，魏宏森在参加教育部组织的《自然辩证法讲义》的编写工作时，曾经拿自己写的第七章“控制论方法和系统方法”的书稿去向钱学森同志请教。钱老热情地帮助了他，并且主动提出愿意指导我们写一本有关“科学认识论与方法论”的书。这真是我们求之不得的大好事，因为科学方法论是自然辩证法课的重要内容，对培养研究生的创造能力关系甚大，而且我们还正在给本科生和教师开这方面的选修课，正需要一本好用的教材，于是一拍即合，我们迅速组成了一个六人写作小组，由魏宏森牵头负责与钱老联络，约定大体上一个月左右到钱老办公室去讨论一次。初次见面，钱老逐个询问了我们每人的姓名、基本情况，对此课题有什么想法，不久，他很快提出了一个大纲，作为讨论的基础。他谦虚地说：“我这是抛砖引玉，为了使讨论能尽快进入正题，请大家各抒己见，千万别被它框住。”他给我们的第一印象是：很讲效率，又很讲民主，特别平易近人。在同钱老相处的日子里，我们不但在课题研究的学术内容和研究方法上，而且在如何做人、如何做事等方面，都聆听到了他不少字字珠玑的教诲，终生难忘。

钱老对马克思主义情有独钟，一有机会，总是谆谆告诫我们，要好好学习马克思主义。第一次见面，他就语重心长地说：“你们都在高等学校工作，这很好。我希望你们能帮助青年学生认识我们的传家宝，它就是马克思主义哲学、毛泽东思想，不要不识货。中国现在还比较落后，我们要想迎头赶上、后来居上，跟在人家屁股后面，走人家的老路是不行的。我们必须另辟蹊径，走自己的路，这就要靠我们的传家宝。我们过去靠它打败蒋介石八百万军队，靠它搞成功‘两弹一星’，今天还要靠它使国家富强起来，能自立于世界民族之林。”

这是钱老的肺腑之言。在讨论方法论的过程中，有一次，他谈到自己的思想经历时说道：“过去在国外做研究工作有点滴的感悟、体会或思想火花，常常记在笔记本上，想将来退休后有时间了，把它整理出来，也许可以给后人一些帮助。回国后，有机会较系统地学习马克思主义的经典著作，感到豁然开朗，我的那些小智慧、小聪明，比起博大精深的马克思主义哲学宝库，真是小巫见大巫。让年轻人好好学习马克思主义吧！那会使他们变得比我们更聪明！”

他在后来和我们的通信中还提出：“大智（不是小聪明）就是洞察客观

世界的规律，按客观规律办事，按照客观规律去认识世界和改造世界。大智并不神秘，是可以培养的。培养的方法就是学习马克思主义哲学。”

他努力倡导在我国普及宣传和应用系统思想和系统工程。他要求我们要用系统的思想去研究认识论与方法论，他对系统思想如何从经验到哲学再到科学、从思辨到定性再到定量的发展情况的分析对我们启发很大，使我们能够运用系统思想这个进行分析和综合的辩证思维工具，来重新认识科学认识系统，特别是系统中的科学认识过程和科学认识方法。

他提醒我们，要注意西方科学哲学的成就和动向，这推动我们在学生面前打开了一扇窗户，引起了学生极大的兴趣，进而引导学生在比较中鉴别、在批判中学习。

他强调人体科学、气功、中医等许多东西远没有被搞清楚，对许多不够了解而又颇有争议的问题要保持选择的开放性，不要匆忙、武断地下结论。

他还告诫我们要坚持科学态度、严谨治学，要对读者负责、对历史负责。写东西不要十年后让自己看了脸红。

他对培养和发展创造性思维寄予了很高的热情和期望。他说逻辑思维按部就班，一步一步爬行，不允许跳越，虽较可靠，但缺少创造性；而非逻辑思维（形象思维、直觉灵感）则是跳跃性的，常常不按规矩办事，往往一眼就看到（或者不如说是猜到）结果（答案），可是要想证明（按规则推出）这个结果，却要费许多努力（周折）。我们今天还无法揭示它背后隐蔽的规律性，还无法说明这如何可能，但是无数成功的创新者和发明家的实践都告诉我们，这条认识途径是真实存在的。如果有一天我们能在课堂上教会学生如何产生灵感并实现飞跃，那么人类的认识能力将有多大的提高啊！我们要和学生一起研究再研究。

在钱老的热心指导、关怀下，《科学认识论与方法论》终于在 1987 年由清华大学出版社出版了。钱老看了清样后写了如下鼓励的话：“总的说来，书是有开创性的见解的，读者会从中学到有益的东西，并坚定他们对辩证唯物主义的认识。所以是本好书。但是，事物是不断发展的，这几年对混沌的研究有不少新成就，来不及纳入书稿了，可以留待再版时再加上。从清样上看还有未校正的错排字，请务必改正！编者的话中关于我的话，我按实际情况作了些修改，实事求是嘛……”修改后的《编者的话》中是这样写的：

> 本书是作者 1981 年以来在从事科学方法论研究和教学工作的基础上编写的。在本书编写开始的一段时间中，曾得到钱学森同志

的热心指导。是他首先倡议编写一本这样的书：这本书应该以辩证唯物主义为指导，用系统的思想研究科学认识论与方法论，要应用现代脑科学的成就来说明思维的生理和心理基础，要批判地吸取当代西方科学哲学的积极成果，努力从科技发展的历史和现实中选取实例进行概括和总结，还要展望人工智能的发展对认识论与方法论可能造成的影响。他不但参加了早期大纲的讨论和修订，还亲自审定了初稿的部分章节，并以亲身体会帮助我们认识创造性思维的重要作用。本书在以上诸方面的尝试如果有什么可取之处，应该感谢钱老的具体帮助。

该书获 1987 年度“中国图书奖荣誉奖”。

（本文写于 2008 年 30 周年所庆之际）

追求卓越，努力建设国内一流的科学技术哲学

| 吴彤 |

2018 年是清华大学科技与社会研究所创建 40 周年，回忆起来，我在这里已经工作了近 20 年，追忆在所里的工作，感慨颇多。最值得回忆的有两件事情：科学技术哲学博士点的设立，以及争取教育部科学技术哲学的重点研究基地的失败。

我是 1999 年 8 月调到清华大学科技与社会研究所的，我与刘兵教授一经调入就面临一个重要的学科建设任务，即与全所老师一起争取拿下科学技术哲学的博士授予权。

那个时候，我所还没有科学技术哲学的博士点。曾国屏教授（所长）多次争取我的调动，几乎在我来清华大学之前，每天晚上一个电话，催我赶紧来，“士为知己者死”，曾国屏教授调我的诚心可鉴，我不能不来。

来到清华大学，第一件事情就是来到曾国屏当时在善斋[①]的宿舍，放下包，在电脑前，坐下就填表。曾国屏就是一个“拼命三郎”，催我们赶紧工作，做好争取博士点设立的一切准备工作。

当时，全国文科方向具有教授职称、年龄在 45 岁以下的年轻教授还比较少，我和刘兵教授调入清华大学后，科技与社会研究所研究力量大增，刘兵教授是科学哲学、科学史和科学传播三界跨界知名的年轻学者，曾国屏与我都是系统科学哲学方面，特别是自组织哲学方面北京师范大学沈小峰老师、

① 清华大学早期建筑，始建于 1932 年，最初用途为学生宿舍。

张嘉同老师的弟子，当时在国内也小有名气。曾国屏、刘兵和我三人当时的著作、文章发表得都不少（到 1999 年底，我自己发表的文章已经有 68 篇，学术著作 3 部，获得了首届国家社会科学基金项目优秀成果奖三等奖、教育部高等学校科学研究优秀成果奖二等奖，他们亦同样），这样三强加在一起，再加上曾国屏在 1999—2000 年调入的不少更加年轻的博士，科技与社会研究所的理论研究力量已经逐渐居于国内领先。

我清楚地记得，我、曾国屏、李正风等从开始着手博士点申请表，到完成博士点申请表的填写，就花费了十数天，整个博士点的申报材料，一本有 100 多页，向上要报 6—8 本。当然，我们几个也向一些科学技术哲学的大家陈述了我们的工作、成就，以及清华大学长期坚持科学技术哲学和科学技术史教研的历史和基础，特别是老一代的工作基础。我们最主要的特色，是以系统科学哲学为代表的工作，从以魏宏森为代表的清华系统论传统（《系统论——系统科学哲学》，魏宏森、曾国屏，清华大学出版社，1995 年），到我和曾国屏坚持的自组织哲学的研究，当时我们已经出版了《自组织的哲学：一种新的自然观和科学观》（沈小峰、吴彤和曾国屏，中共中央党校出版社，1993 年）、《自组织的自然观》（曾国屏，北京大学出版社，1996 年）、《生长的旋律——自组织演化的科学》（吴彤，山东教育出版社，1996 年），再到肖广岭坚持的系统哲学的应用研究，之后曾国屏、李正风等又发展出国家创新系统研究（李正风，曾国屏. 中国创新系统研究——技术、制度与知识. 山东教育出版社，1999 年；曾国屏，李正风. 世界各国创新系统——知识的生产、扩散与利用. 山东教育出版社，1999 年），之前还译介了不少相关国外研究著作，例如，曾国屏主编的“科教兴国译丛”（6 本，科学技术文献出版社，1999 年）；曾国屏担任副主编的“创新研究丛书”（6 本，山东教育出版社，1999—2001 年）；M. 艾根，P. 舒斯特尔的《超循环论》（曾国屏、沈小峰译，上海译文出版社，1990 年）；埃里克·詹奇的《自组织的宇宙观》（曾国屏、宋怀时、吴彤等译，中国社会科学出版社，1992 年）；克劳斯·迈因策尔的《复杂性中的思维——物质、精神和人类的复杂动力学》（曾国屏译，中央编译出版社，1999 年）；克林顿、戈尔的《科学与国家利益》（曾国屏、王蒲生译，科学技术文献出版社，1999 年）等，所有这些都是在国内处于领先水平与地位的。在科学思想史和一般科学哲学方面，由刘兵、曹南燕牵头，年轻的王巍等参加，也不弱。这样我们的科学技术哲学博士点授权在我和刘兵来清华大学后一年，即 2000 年不负众望顺利拿下。

此时，我们的博士点应该是人文社会科学学院第一个博士点。我、曾国屏和刘兵成为科学技术哲学第一批博士研究生导师，我们的硕士研究生章琰、节艳丽和匡辉成为我们这个学科点的第一批博士研究生。我成为科学技术哲学学科的责任教授，负责学科点的建设。

第二件值得回忆的事，是争取教育部科学技术哲学的重点研究基地的失败。这件事很让人痛心，我们自己有责任，是一件失败的事情，而且我全程参加，因此不吐不快。

按照教育部的整体规划，科学技术哲学的重点研究基地每个学科只给一个。在当时的全国科学技术哲学学科中，我们并不是最强的，但是有特色；北京大学当时应该比较强，但是北京大学组织不起来去申报。山西大学科学技术哲学博士点 1998 年获批，他们举全校之力，甚至全省之力，全力申报，而且当时山西大学学科点上老一辈有张家治、邢润川，年轻的有郭贵春等，郭贵春教授年富力强，当时已经是山西大学副校长了，1996 年我们一起参加教育部组织的中国大学校长访日代表团，与他有所交往，他外语很好，科学哲学积淀很深，是第一批中英暑期班的优秀成员，获得资助并在英国剑桥大学留学。

我们的失败，原因总结有如下几点。第一，1999 年教育部启动人文社会科学重点研究基地计划时，我们刚刚在申报博士点，同时也在申报人文社会科学科学技术哲学重点研究基地，因此没有错开，研究基础显得略有薄弱；我有所犹豫，但当时被曾国屏的豪情壮志打动，想力冲一下。第二，我们联合其他高校从事科学技术哲学的年轻学者不够以及我们的研究方向不够宽阔，主要原因是我们从事的科学技术哲学研究比较窄，是以自然科学哲学问题为导向的科学技术哲学，而一般科学哲学涉及不多，当时国内比较好的一般科学哲学研究学者，如张志林等均被山西大学科技与社会研究所“一网打尽”，人家的工作在先。第三，基础和幕后工作没有进行，比如，联络其他高校，对相关评审人和教育部的情况摸底不够，只准备自己的面上材料，而竞争对手这个方面的准备工作做得相当到位。

事情已经过去，历史无法重演，没有如果……但如果我们那时说动北京大学一起来做这件工作呢？

这件事情，对我的研究倒是起了重要的推动作用。评审下来，专家对我们学科建设提出这样的批评——我们的科学技术哲学研究主要是自然科学哲学问题研究，一般科学技术哲学研究比较弱。痛定思痛，我在这种批评中，开始寻找科学技术哲学中的新研究方向，自 2000 年起，我发现了约瑟夫·劳斯的“科学实践哲学”（philosophy of scientific practices），自此开始投入大量精力进行研究，带领我的学生们开始在读书会上啃约瑟夫·劳斯的三本书——《知识与权力——走向科学的政治哲学》《涉入科学——如何从哲学上理解科学实践》《科学实践何以重要》，恰逢2000年浙江大学盛晓明教授在《哲学研究》上发表第一篇研究劳斯的哲学论文[①]，2004年他们译介的《知识与权力》由北京大学出版社出版。我们几乎齐头并进地开始工作，自2000年开始接触科学实践哲学，2005年我和我的学生们发表了相关文章，到2015年整整15年过去，我们发表了30多篇相关论文，出版了2本专著，培养了近10名读懂和理解科学实践哲学的博士研究生，成功地申请到一个清华大学自主科研项目，一个国家社会科学基金项目，获批一个国家社会科学基金重大项目。相关研究也支持了其他学科建设，如科学史研究中对于地方性知识观的理解，对于多元形而上学观点的理解，我相信还是受到了我们研究成果的启发与一些影响的。想起第一次到北京大学作"科学实践哲学"的讲座时，讲到地方性知识的观点受到的质疑和批评之激烈，以及今天学界对于这种科学实践哲学的理解与认可，我感慨万分。只要坚持不懈，就有收获，就有影响。

感谢清华大学，感谢学院，感谢我的师弟、我的前任所长曾国屏教授和我的同事们，感谢我们这个研究所，在这里，我们一起大展宏图，做出了对中国科学技术哲学发展的历史性贡献。

（本文写于2018年40周年所庆之际）

① 盛晓明. 地方性知识的构造. 哲学研究, 2000(12): 36-44.

科技与社会研究所

——难得的小环境

| 刘兵 |

转眼间，调到清华大学科技与社会研究所已经 19 年了。

其实，不用说以 10 的数量级来计量的年月，就算是近几年的各种事情，人们也会不由自主地遗忘许多。但是，在更长时间段中发生的某些事，却又会有一些深深地沉淀在记忆中，自觉不自觉地影响着你。

当 1999 年我刚从中国科学院研究生院调到清华大学时，一个突出的感觉，就是课多、事多；另一个突出的感觉，是似乎从一开始便持续地有一种建制性的危机压力感。当然，这是与过去的经历相比而言的。“平台”也大了许多，在更大的“平台”上，人们又总会有许多身不由己的无可选择或可以相对自主的选择。这样的无可选择或尚可选择，在一定程度上也是由大环境决定的。像课多、事多，其实倒算不上真正的压力，我一直认为，教师的天职之一，便是上课、带学生；做科研之类的事，反而应该排在教学之后。但是，那种由外部大环境造成的建制性的危机压力感，却不是你可以自主选择的。

曾记得，刚来时，所里面临的一个问题便是缺少课题。当时的所长曾国屏在这方面可以说是最有危机感，也是最为努力地要解决这一问题的人。他多次从各种可能的渠道找来课题，并分派给不同的老师去做。我刚来时，他便找到了一个关于“大学科技园”的课题给我，并且不是只简单地把活儿派下去，而是亲身参与，记得他为了此课题从写立项报告开始，直到结题，多次陪我熬到后半夜，一直商量各种可能的方案，反复修改。在我印象中，从那段时间起，曾国屏就再无间断这种追着抢课题、做课题的职业生活。当然，那时这样做，也确实是为了研究所"生存"的考虑。

其实，就我的个人兴趣而言，我对于这种应用性的政策类研究并无太大兴趣，但生存总是第一位的。不过，从那之后，随着所里老师们手中课题量的持续增加，课题压力逐渐有所缓解，曾国屏便再未硬性要求我去申请那些应用类型的课题（尽管他在所里的会上和各种场合中，仍大力呼吁老师们去争取申请项目）——而是给了我很大的自由，任我去做那些更有个人兴趣但相对"边缘"的研究。

像科技哲学和科技史这样的学科，在理想的学术环境中，其研究方向其实是可以相当广泛的。但遗憾的是，在现实的大环境中，总有一些"主流"的研究方向更有显示度，更容易得到资助，在追求指标的考核中更占优势。不过，在这种大环境之下，一个单位局部的小环境对于个人的自主选择就显得更加重要了。我觉得非常庆幸的是，在科技与社会研究所这个小环境中，还真是充满了一种包容性的风气。这种包容性的风气，也体现在所领导的管理方式，以及同事之间的交流合作之中。在曾国屏去任所长之后，无论是接任所长的吴彤教授，还是现任所长杨舰教授，也都充分体现出了这种在所里小环境中的对研究方向和研究问题的包容性，使研究所形成了一种在学术上宽松的氛围。我觉得，在过去许多年直到今日几乎从未消失的那种涉及一个机构生存大事的建制性的危机压力感中，能够有这样的小环境确实不是一件易事。

也正因为有这样的小环境，我才得以相当自由地在那些"边缘"的方向上做了各种个人有兴趣的研究，而且居然也奇迹般地"生存"了下来。19 年来，要说起我对科技与社会研究所印象最深的感触，就是这种理想的小环境。正是这种小环境，才使我成为今日之我。

（本文写于 2018 年 40 周年所庆之际）

清华大学科技与社会研究及其建制的简要回顾

| 肖广岭 |

我是1984年12月从华东师范大学自然辩证法暨自然科学史研究室硕士毕业后来到清华大学工作的。来清华大学之前，我曾在华东师范大学张瑞琨老师（我的导师）家里见过清华大学的魏宏森老师，并且清华大学范德清老师为引进我还专门来华东师范大学进行外调，并与我进行了面谈。刚来时被分配到自然辩证法教研室科技与社会组，此时该组有魏宏森、丁厚德、范德清和黄四方（很快出国了）4位老师。1985年清华大学化学与化学工程系本科毕业的王彦佳和土木工程系本科毕业的宿良来到科技与社会组做教师。当时自然辩证法教研组（室）还有科技史组，老师有高达声、曾晓萱、寇世琪、姚慧华、刘元亮、汪广仁和曹南燕老师（曹老师当时为借调，1985年下半年正式调入清华大学）。

我刚来科技与社会组时，该组是一个工作组织，还没有学校认可的正式名称。但当时已经确定要发展科技与社会研究方向，并且魏宏森、丁厚德和范德清老师已经向学校申请成立科技与社会研究室,并于1985年5月被学校批准（这是国内第一个以“科技与社会”命名的机构），魏宏森为研究室主任。与此同时，自然辩证法教研组（室）还存在。这意味着当时是“一套人马，两个牌子”，即自然辩证法教研组（室）和科技与社会研究室，并且教师的编制主要依据承担的全校研究生公共课“自然辩证法”课程（后来又增加了博士研究生公共课“现代科技革命与马克思主义”）。这也意味着从研究及人员的角度，科技与社会研究室是实在的；而从教师编制的角度，科技与社会研究室还是虚体。

一、用系统动力学研究区域科技与产业发展战略

在科技与社会研究室成立前后一段时间，该研究室的各位老师都要开拓相关研究。魏宏森老师当时已经在系统论方面进行了七八年的研究，并且取得了较多的理论性成果，进而想在此基础上推进应用研究。1985 年 1 月当魏老师得知，从美国访学回国的清华大学自动化系老师王其藩在上海机械学院举办系统动力学培训班后，就派我参加此班的学习，并且魏老师在此班做了一次演讲,其中讲到系统动力学正是他要找的系统科学社会应用的很好途径。我在此培训班学习了系统动力学理论、DYNAMO 语言和建模，并参加了该模型计算机的实习，掌握了建模方法。

我从此培训班学习结业后，魏老师向学校申请购买了美国的 DYNAMO 计算机建模软件。当时计算机还不普及，我利用学校计算机实验室的计算机运行 DYNAMO 软件，并学习了该软件中的大约十个模型案例，包括著名的世界模型（《增长的极限》一书就是对此模型的阐释），掌握了系统动力学建模的思路和方法。在 1985 年春，科技与社会研究室牵头组织了为期三个月的系统科学与区域发展战略与规划培训班，我是该班的班主任，并辅导了学员们的系统动力学计算机实习课。此后十几年，我在清华大学开设了系统动力学课程（32 学时的全校性选修课），选此课的不仅有本科生还有硕士研究生和博士研究生。

从 1985 年到 1998 年，用系统动力学研究区域科技与产业发展战略是我科研的重要方向，先后用于北京市科技与经济发展战略研究、包头市区域发展战略研究、延边朝鲜族自治州发展战略研究、长白山生态保护与可持续发展战略研究，其中首都科技—经济协调发展模型获得北京市科技进步奖三等奖（1987 年），长白山生态环境保护与可持续发展战略和模式研究获得教育部科技进步三等奖（2000 年）。在这期间魏宏森老师的 4 位硕士研究生顿世新、邓宏卫、赵秀生、王伟先后利用系统动力学完成了硕士学位论文，我参与了一些指导工作。值得一提的是，系统动力学还走进了中南海。1986 年中央办公厅秘书局邀请魏宏森老师讲系统论，并介绍系统动力学，我参加了此讲座，并演示了系统动力学模型。

可惜的是近 20 年来我不再讲授系统动力学课程，也不再把系统动力学模型用于研究。直接的原因是没有合适的课题。更深的原因可能有两个：一是我认为系统动力学更适合长期持续进行的研究，这样才能通过模型预测的结果与实际结果的比较不断修改和完善模型，其价值才会越来越大。事实上，近些年来我也在寻求长期资助的途径，建立系统动力学“社会科学实验室”，进而对国家或区域科技、经济和社会系统的协调发展等进行长期、持续的研究，但这种希望没能变为现实。二是我感觉尽管系统动力学建模本身的专业性和技术性比较强，但研究的对象往往太广泛（如科技、经济、社会、环境及其相互关系），因而很难驾驭，并且主客观两方面的因素使得我把研究聚焦于科技政策，从而疏忽了系统动力学。

二、科技发展战略和政策研究

自从 1985 年科技与社会研究室成立以来，科技发展战略和政策研究成为主要研究方向。1985 年丁厚德老师牵头承担了国家科学技术委员会有关科技拨款制度改革的课题，我作为课题组成员参加了此课题的研究。此课题可以作为该研究室从事科技发展战略和政策研究的良好开端，也就是承担我国科技主管部门的课题，围绕国家科技发展和体制改革的核心问题开展研究。此后的十几年间，范德清、魏宏森、曾晓萱等老师先后承担国家科学技术委员会、国家教育委员会、国家自然科学基金委员会等部门的很多课题，使该研究室科技发展战略和政策研究水平不断提高，影响力不断增强。

对于我本人从事科技发展战略和政策研究而言，大致以 1998 年作为节点，分成前后两个时期，可分别称为成长期和成熟期。前期我主要作为课题组成员或子课题负责人，跟随魏宏森、丁厚德、范德清等老师进行研究，同时我参加国家教育委员会科学技术司的相关调研或研究比较多。这期间我参加的项目包括：延边科技、教育及社会发展战略与规划研究（国家科学技术委员会项目，1992 年）[①]；中国科学政策纲要研究（国家科学技术委员会、国家教育委员会等 6 部委重大项目，1996—1998 年）；长白山生态保护与可持续发展战略研究（“八五”国家重点科技攻关项目子课题，1995 年 7 月至 1998 年 6 月）；邓小平科教思想和我国科教兴国战略问题研究（“九五”国

① 参见：国家科委科技促进发展研究中心，延边州规划课题组. 延边：面向未来的抉择. 北京：中国大百科全书出版社，1995.

家社会科学基金重大项目，1997—1999 年）；高技术对生态环境影响的案例分析和政策研究（国家自然科学基金项目，1995—1997 年）。

后期（1998 年以来）我作为课题负责人，承担科学技术部等部门课题约 30 项。尽管科研项目比较多，但研究方向或主题集中于国家、区域、产业或企业的科技创新与政策等方面。与此同时，我参加科学技术部的调研活动和政策文件讨论较多，这使我有较多的机会感知各个地区、各个行业和领域的新鲜经验和对科技政策的实际需求，也使我负责的研究与政策需求关系密切，不少研究结果变成了政策文件。

对于科技与社会研究所的科技战略和政策研究而言，原来主要从事科技战略和政策研究的魏宏森、丁厚德、范德清和曾晓萱老师在世纪之交都已退休，但曾国屏、李正风等老师的强势进入，刘立、吴金希老师随后的全力进入，曹南燕、刘兵、鲍鸥和张成岗的部分进入，使得本所的科技发展和政策研究不仅没有被弱化，而且被大大强化了，特别是这一时期该所不仅有了博士点而且有了博士后科研流动站，使得科研人力资源上了一个大台阶。

三、科技与社会建制由虚变实及未来发展的隐忧

1993 年清华大学以社会科学系为基础成立了人文社会科学学院。原来社会科学系的各个教研室（和研究室）都要升级为系或所。从此自然辩证法教研组（室）和科技与社会研究室就升级为科技与社会研究所，也可以理解为科技与社会的建制由虚变实。但这种名称的变化并没有改变该单位原有的教学和科研内容，教师的编制仍然主要依据所承担的全校研究生公共课“自然辩证法”和“现代科技革命与马克思主义”。

特别值得一提的是博士研究生“现代科技革命与马克思主义”课程论文指导工作量的计算问题（该课程采取博士研究生先听课，博士学位论文完成后再由该所老师指导写课程论文的方式）。前期学校采取把讲课学时折算为工作小时的方法，此时学校认定每指导 1 篇课程论文算作 20 小时的工作量。1997 年前后，学校改变了教师工作量的计算方式，要求人文社会科学学院的老师每年至少讲授 96 节课。我代表所里与研究生院进行了协商，最后研究生院认定每指导 1 篇课程论文算作讲课 1 学时。虽然用这种折算方式指导 1 篇课程论文的工作量可能不足原来的 1/3，但由于我校博士研究生增加了 3 倍以上，博士研究生课程论文指导的总工作量还是增加了。然而，随着网络学

堂的发展，学校人事处往往以教师在网络学堂上的课程来计算工作量，而博士研究生课程论文指导又上不了网络学堂，因而无法计入学校统计的教师教学工作量中。再加上学校博士研究生人数不断增加，学校也认为再按照指导1篇课程论文算作教授1节课，算出的课时太多了，学校也不可能依此来计算所需教师编制。尽管这样，但每年该所教师年终考核时仍可以把指导此课程论文的篇数算作讲课时数（但不像其他课程有酬金）。

尽管存在博士研究生课程论文指导的工作量计算问题，但其对该所的生存与发展影响不大。然而，2011年国家研究生马克思主义理论课进行改革，即把博士研究生“现代科技革命与马克思主义”改为“中国马克思主义与当代”和把硕士研究生“自然辩证法”2学分的必修课改为1学分的限选课，再加上此类课由马克思主义学院统一管理，则动摇了该所教师定编的基础。

除此之外，国家学科评估的改变（只评估一级学科不再评估二级学科）和我校在人文社会科学学院成立科学史系则进一步动摇了该所生存与发展的基础。该所作为教学和科研单位，除了承担全校的公共课和选修课教学外，还有科技哲学硕士点和博士点、科技史硕士点。科技哲学作为二级学科处于全国前列，但由于国家不再进行二级学科评估，从而使其重要性降低了。科技史作为一级学科本应具有其重要性。但科学史系的成立[①]，无疑意味着清华大学科技史学科的主导权将由我所转到科学史系。

值得一提的是，对该所生存与发展的上述隐忧，一些老师早有预感，特别是原所长曾国屏老师曾论证和大力推进把科技哲学（自然辩证法）变为一级学科科学技术学或科技与社会。但由于种种原因，这种努力没有变成现实。

然而，不管该所今后的走向如何，令我们感到欣慰的是，经过老师和同学30多年的大力开拓和勤奋工作，我们在科技与社会领域对我国的改革开放和社会进步，特别是对科技战略和政策的制定做出了贡献，该所也成为著名的科技与社会教学与研究机构，我们的年华没有虚度！

（本文写于2018年40周年所庆之际）

---

① 2017年5月16日，清华大学第23次校务会议决定成立清华大学科学史系。彼时，科学史系和STS研究所分别在人文、社科两个学院培养科技史方向的研究生。学位授予权在社会科学学科学位评定分委员会。

师生情深

我和研究生在一起的日子

| 曾晓萱 |

我从 1985 年开始带研究生到退休，一共 12 年，前后一共带过 16 位硕士研究生（其中 6 位是与其他教师合带的），为专业研究生开出了“科学技术史”与部分“科学技术社会学”课程，带研究生的那段日子是我从事教学工作以来，40 多年中最愉快、最难忘的时光，也是自己收获最大的时光。当年与研究生共同关心国家大事、学习讨论专业问题、外出调研、交流谈心、修改论文，朝夕相处，日日夜夜，研究生们的意气风发、慷慨激情、追踪探索的精神仍深深地印在我的脑海中，至今不能忘却。

一、严字当头，把研究生当国家栋梁来培养

“文化大革命”，经济凋敝；改革开放，万事待兴，而关键是缺乏人才，特别是缺乏高级人才。蹉跎岁月 10 余年，我有幸重新走上讲台并担负起培养研究生的任务，心情异常激动，心想一定要把有生之年贡献给为国家培养高级人才的事业。如何培养研究生成才，就成了当时教师们苦苦思索的难题。我们充分发挥集体的力量，各显其长，为研究生开出了高质量的课程，打好了基础。然而，研究生的重点毕竟是搞研究的，因此我们应主要培养他们独立工作、研究、解决问题的能力。针对研究生科研水平参差不齐的现实，我对研究生提出了除学好专业课外，另增四项能力的要求，即提高英语、计算机文字处理、综合分析和写作的能力，以达到能在专业核心杂志发表文章，或完成国家课题研究报告的水平。研究生应人人尽最大努力，早日成才，为

国分忧解难。我想只有带领研究生去申请国家自然科学基金以及国家教育委员会、北京市的社科基金等重要的项目，师生才能学会攀高峰，在实战中得到锻炼和成长。让研究生们通过完成国家、市级的课题，增加其责任感，真刀真枪，增长才干。边调研，边学习，边写文章，边发表，这是最好接受社会检验的办法。而且，我希望他们的文章尽可能只在有关核心刊物或一流杂志上发表，想让他们接受更严格的社会检验。我告诉他们，清华的研究生应逐步成为国家栋梁，应有荣誉感和自信心。国家栋梁不搞雕虫小技，不搞沽名钓誉，而是要踏踏实实地为国家、人民做最大的贡献，现在的学习，就是练兵场。

研究生明确了目标，主动性和积极性得到了充分调动，他们的潜能得以充分发挥，不仅基本课程学得好，英文基础扎实，而且外文资料看得多（每人必须翻译一万字的资料），掌握世界最新动态，视角宽广，调研深入，课题完成得出色，文章也有了很大的提高，他们一般学习期间都能发表 2—6 篇文章（某年因特殊事故除外），文章往往有新意，一些还在学术界有相当影响，受到业内专家好评。研究生们在学习期间就初尝了发表文章、取得研究成果的喜悦。许多同学主动找课题、查资料、写文章，跃跃欲试，初现学术锋芒。不少文章都是同学自己主动要写的，到了欲罢不能的地步。文章下笔前我都和他们认真讨论提纲，文章初稿写好后，还要面对面修改数次，直到能在核心杂志发表为止。这样，研究生就逐渐做到心中有数，知道什么样的文章可达到一流杂志的水准，自己可登学术殿堂，进行学术交流了。即使个别原来有困难的同学，在这种你追我赶的大环境下，也拼命向前，无论英语、计算机文字处理，还是综合分析、写作的能力都有较大的提高，这甚至还改变了他们的人生轨迹，有信心为国家干出一番事业。毕业 10 多年，有的还成了市属某机关的领导之一，完成了人民的重托。原来基础好的，更是雄鹰展翅，活跃在国家科技、教育、社会与管理部门，成为各种优秀人才。许多同学都对在研究生期间我对他们的严格要求印象深刻，并充满了感激之情。

二、爱心扶持，促研究生健康成长

研究生是完整的人，他们不是学习或写作的机器，他们有理想、有感情、有七情六欲，也会碰到各种困难和烦恼，如何对待？他们还年轻，遇到特殊困难时，容易急躁，需要帮助和引导，导师不仅应在学习上指导他们，还有义务和责任伸出援助之手，全面帮助他们排忧解难。我记得英国剑桥大学的导师制中有一条规定，即当学生与学校发生冲突时，导师要站在学生一边，为学生考虑，为他（她）保密。这样，就多了另一只眼睛，可尽量避免学校因处理不当而犯错误。看来，这儿还真有一点辩证法呢！

我的研究生在他们三年的学习成长过程中，也碰到过各式各样的问题，我尽力助他们一臂之力，为他们解困去难。例如，大多数研究生经济上都有一定的困难，我从科研费中，拨些经费，作为劳务费，解决他们的燃眉之急，同时，我又鼓励他们多写、写好论文，论文发表后，我给他们发奖金，体现多劳多得。同学间有了矛盾，我尽心为他们调解，让他们懂得团结的重要、科研团队相互支撑的必须。婚姻恋爱也是研究生经常遇到的问题，处理不当往往引起情绪波动，不少研究生遇到问题都愿找我谈，我也想方设法帮他们减压，鼓励他们正确对待，个别研究生行为不端也曾被我严厉批评。为了增进师生情谊，缓解节假日学生的孤独，每年五一、十一节假日我都邀请研究生到我家聚会，我亲自做饭招待他们，饭菜的浓香，多年后研究生还记得并提起，其实，不是我的饭菜做得好，而是师生情深，让他们念念不忘。

有的研究生有了一些缺点错误，本应批评教育，但秉着热情爱护的原则，我容许青年犯错误，更鼓励他们改正错误。偏听偏信、大笔一挥确实可以毁掉一个青年人的前途，然而，教师们的爱心和识才的慧眼，却可帮助学生获得新生，爱心托起了又一个人才。像这样的故事绝非只发生在我一人身上，而是科技与社会研究所的教师们的共同行为，是清华大学多年的传统。我们本着教师的职责和良心，尽最大的努力保护学生、教育学生，使其闯过了重重难关，历史会证明我们是正确的。青年有缺点、错误难道不是正常现象吗？谁人从小就是圣人？从来就不犯错误？大学的职责就是有本领把成千上万优秀的以及有这样那样缺点、错误的青年培养教育成国家、民族的栋梁。

三、教育改革，助研究生成才

1992 年我从麻省理工学院的 STS 中心回来，对其本科、研究生教学，特别是其广泛采取课堂讨论的方式，充分调动了学生的积极性印象深刻。我就在我开的“科学技术史”课上，试行了阅读、讨论、开放式的互动教学。每一章给研究生指定 50—100 页的参考文献和讨论要点，在课堂上由一两位研究生做主题发言，其他的研究生作读书摘要并对发言者做评述、补充、提问或辩论，最后由我总结。这样的教学使研究生受益匪浅：①扩大了阅读量，半年下来，一门课，少说也要读一千多页书，学生为了更好地展示自己，又找了不少我未点的、他们感兴趣的书和资料来读。②学会抓重点，锻炼了综合分析能力。③提高了表达能力和论述能力，克服了一些研究生发言，像茶壶煮饺子——有货倒不出的困难，他们往往有思想，却不能简要、清晰地阐述自己思路。通过一段学习，同学们积极性普遍高涨，读书认真，发言踊跃。我还鼓励他们学会认真听他人发言，短时间挑出毛病，追踪其不足，开展学术上的穷追猛打，练就参与国际会议的基本功。课堂上争论气氛逐步热烈，一显高低，使先进者更先进，后进者也奋勇争先，这使他们适应了学术争论和竞争的环境。

毕业班的研究生更有半月一次的读书报告会或论文讨论会，做论文的同学首先报告论文的内容要点或准备发表的文章，其他同学对他的论文做出评价和建议，包括观点、文字、学术水平、表达方式等。这种做法非常有好处，首先，扩大了知识范围，了解了别的研究生的课题，也就知晓了国家科技社会的某些重要课题。其次，论文一亮相，谁做得多，谁做得好，大家心中自明，无形中形成了“你追我赶”的好势头，起到了相互激励的作用。最后，经过多次反复切磋，研究生对如何撰写论文，如何做毕业论文，都心明眼亮，无论是撰写论文还是答辩，一点也不犯怵，一些研究生的论文还获得了“优秀论文”称号。

十多年来我帮助了研究生，研究生也帮助了我，使我受到了深刻的教育。他们三年的飞速进步，不少超出了我的想象。他们一天工作十多个小时，孜孜不倦，查到了许多我不知道的资料，提出了许多新的见解，丰富了我的头脑。他们大多数经济状况并不太好，压力较大，但他们从不叫苦，刻苦用功，积极向上。他们关心国家大事，痛恨贪污腐败，希望国家强盛的心情溢于言表。他们关心他人胜于自己，一年冬天我得了严重的骨性关节炎，动弹不得，他们整夜不眠，忍饥受冻，主动帮我排队、挂号，送我看病，为我的病操心，鼓励我养好病重新站起来……他们的许多优点历历在目，点点在心。有了这样的研究生，清华大学后继有人，国家定能代代新人辈出，繁荣昌盛。

（本文写于2008年30周年所庆之际）

我在清华科技与社会研究所读研

| 王巍 |

我是 1993—1996 年在清华大学科技与社会研究所攻读的哲学硕士学位。时间虽然只有短短 3 年，但给我留下的全是美好回忆。现在回想起来，有些细节可能记不住或记不准了，但是“亲如一家”的气氛却永留我心。

我是 1988 年来清华大学物理系（当时的名称是“现代应用物理系”）读本科的，当时清华大学本科还是 5 年制。但我后来对物理没有太大兴趣，想转到文科读研。当时在社会科学系任职的刘元亮教授听说之后，主动向我抛出了橄榄枝，因此我有幸在 1993 年转到科技与社会研究所读研，导师是寇世琪教授。当时整个人文社会科学学院还称为“社会科学系”，科技与社会教研室是其中一个教研室。当年 20 多个不同专业的研究生被分配在一个班——“社研三”，我后来还做了班长。

当时科技与社会研究所的教师星光熠熠，名师云集，有“八大教授”之称。高达声教授已因病退休，但曾晓萱、寇世琪、刘元亮、姚慧华、魏宏森、丁厚德、范德清等教授仍活跃于科研与教学的第一线。前四位教授（后来加入了高亮华老师）偏重于理论研究，后三位教授（另有肖广岭、刘求实两位老师，后来加入了曾国屏老师）偏重于政策研究，因此被分在了文北楼的两间办公室，我主要与前四位教授打交道。

清华大学科技与社会研究所八大教授都是理工科的本科背景，因为品学兼优，后来留校从事自然辩证法的研究与教学工作。例如，我的导师寇世琪教授是清华大学动力系毕业，她的导师曾夸奖她是“教过的最好学生”；曾晓萱教授毕业于清华大学机械系，她的爱人是柳百成院士；刘元亮教授曾经参加过抗美援朝战争，本科毕业于清华大学工物系；姚慧华教授本科毕业时还获得了清华大学当时最高荣誉的金质奖章。

科技与社会研究所的老师们给我们上课有三个特点：教学特别优秀，课程要求抓得很紧，给分也特别严。我在大学最后一年就选修过寇世琪教授的“科学哲学”课程，激发了我对科学哲学的兴趣。读研期间我又听过她的“自然辩证法”课程，思路清晰，内容丰富，我现在在教学上仍在学习她的风格。我也上过曾晓萱教授的一门课，要写很多次课堂论文，但曾老师都给出了非常细致的批改，对提高我的阅读与写作能力有很大的帮助。我还上过姚慧华教授的“自然辩证法原著研读”课程，我记得最后的得分只有 82 分，但居然已是全班最高分！

老师们对我们的生活也特别关心。寇世琪教授虽然在学术上严格要求，但在生活上如慈母一般。其他老师也全无门户之见，对我们几个学生一视同仁。我们经常去老师家“蹭饭”（聚会地点通常是在曾晓萱教授家里），但是其他老师都会带上自己做的饭菜。曾晓萱教授有过海外进修的经历，因此她做菜最为西式、时尚，我至今仍记得她的“红菜汤”；刘元亮教授及其夫人都厨艺高超，我硕士毕业之后仍偶尔去他家吃饭；姚慧华教授与我同是镇江人，她做的淮扬菜也特别合我的胃口。

我们科技与社会专业 1993 级共有 5 位学生：王成鑫（导师为胡显章、范德清）、江嵩（导师为刘元亮）、袁桅（导师为侯世昌、范德清）、沈红（导师为范德清）与我。因为人数不多，我们又几乎都是清华大学本科毕业（江嵩毕业于天津大学），相处也是亲密无间。

我与王成鑫、江嵩读研三年一直同住一个宿舍，出门经常形影不离。我们体重又正好呈等差数列，走在一起还颇有喜剧效果。王成鑫是辽宁人，很有行政能力，分析问题头头是道，毕业之后回辽宁省委办公厅工作。江嵩是四川人，硕士毕业后去了教育部。他做得一手好川菜，我最初的厨艺就是向他学的。袁桅与沈红同住一个女生宿舍。袁桅常说我长得像她表弟，因此我后来干脆称她“表姐”。她提前一年硕士毕业，最初分到国家科学技术委员会，还特地邀请我们一起到她家里做客。沈红是吉林人，很有文艺才华，可惜她后来去了美国之后，我们再无她的联系方式。

香港中文大学文学院院长何秀煌教授（我后来在香港中文大学哲学系读博时的导师）曾经访问过清华大学，对清华大学科技与社会研究所的印象非常好，而且与寇世琪、曾晓萱等教授结下了深厚的友谊。香港中文大学哲学系之前从未招收过内地博士研究生，他们想尝试一下，因此何秀煌教授请我的老师推荐。我很荣幸地被选中，1996 年毕业时先留校，1997 年 1 月赴香港中文大学读博。其间经历并非一帆风顺，但是老师们都为我据理力争，最终我得以顺利成行。师恩难忘，我 2001 年 1 月学成之后再回到清华大学科技与社会研究所任教，从此结下一生之缘。

（本文写于 2018 年 40 周年所庆之际）

30 年所庆有感

| 蒋劲松 |

时光荏苒，1988 年春天来清华大学面试的时候，我还是一个充满幻想和激情的青年，转眼间却早已年过不惑。在科技与社会研究所，我体验了研究生到导师的角色变换，我个人的生命与这个普通而又伟大的教学机构结下了不解之缘。

当年耐心教导我们的各位恩师都已经退休，那时还是青年教师的曹南燕、肖广岭老师今天已经功成名就，桃李满天下，成为学界的领军人物。至于研究所在社会影响、学术成就、人才培养上的发展提高，也是有目共睹、学界公认的。当然，与兄弟单位相比，研究所也还存在诸多不足，需要我们全所师生的继续努力。

在研究所两年半的学习时间并不长，中间还有长达半年的干扰，但是，这段时间的学习让我一生受用不尽。导师曾晓萱教授对我和其他同学无微不至的关心，让人感动。她用言传身教，让我们知道作为清华学子永远都要追求尽善尽美，努力学习，报效祖国。从此以后，每当我懈怠颓废之际，眼前都会浮现曾老师的身影，想象她会对此如何严厉批评。她的殷切期望永远都是我努力的动力。

还有认真不苟的刘元亮老师、条理清晰的寇世琪老师、宽容厚道的姚慧华老师，他们虽然观点不同，性格各异，但都始终洋溢着一种带有清华特色的蓬勃生气，鼓舞着我们克服困难，努力前进。高达声老师虽然过早地和我们人天永隔了，但是，我直到今天还能清晰地回忆起，他在星期天练习英语，并勉励我们必须学好外语的情景。

上一辈的这些老师，经历了太多的折腾和坎坷，他们浪费了太多的精力和才华，也许他们多少有些遗憾，没有取得他们本该取得的成就，但是他们的真诚、努力，作为一种精神财富，通过对学生们的潜移默化，已经产生了他们想象不到的长远而深刻的影响，而且这种影响还将与日俱增，绵延不绝。

博士毕业后，我有幸回到所里教书，从学生变成教师，承担起传道授业解惑的重任，我这才真正体会到老教师们的教诲之恩。虽然，教学上很努力，得到学校的嘉奖和肯定，但是，扪心自问，与老教师们的奉献精神还是相差太多。

今天的同学们，与我们那时相比，则头脑更加开放，学习条件更为优越，语言能力与专业素质也更加出色，当然，他们也面临着比我们更加严峻的生计压力，以及愈演愈烈的就业竞争形势。他们定将拥有更加灿烂的未来，这是他们努力的结果，也要感谢我们这个高速进步的国家提供的绝佳良机。面对他们，我常常心中感到惶恐：会不会由于自己的能力不足和不够敬业，耽误了他们的发展？也常常会替他们担心：在如此喧嚣的环境中，他们能不能把持自己，珍惜可贵的青春，发展自我，贡献社会？

有人说，怀旧是年老的征兆，替青年人担忧更是落伍的可靠标志。但是，看到老教师们还精神抖擞，我等后辈小子怎敢言老？在此庆祝建所三十周年之际，谨祝老教师们幸福长寿，快乐平安；也祝愿同学们努力学习，进步成长；更要勉励自己，发奋工作，上不辜负老一辈的精心培养，下不辜负年轻学子的殷切期望，完成学术和精神的承上启下的使命，在人类绵延不断的文化长河中履行我们这一代人应尽的义务。

（本文写于 2008 年 30 周年所庆之际）

落花时节思曾公

| 吴金希 |

时间过得真快，曾国屏老师已经离开我们快三年了。一年一度的清明节、校庆日马上到了，每逢这个时候，就不知不觉想起了曾老师。

一、相识

我与曾老师相识是从进入清华大学人文社会科学学院科技与社会研究所开始的。2005 年春，我从美国乔治梅森大学公共政策学院访问回国。从博士研究生开始到两年博士后研究结束，我在清华大学度过了六年，面临人生道路的重新选择问题。

当时，有三个确定性的选项：地方政府机关正处级公务员、国务院发展研究中心研究人员和留校。经过李正风老师的引荐，我来科技与社会研究所面试了一下，这是第一次见到曾老师，试讲完成后，他对我的研究方向还是比较认可的。我的博士学位论文的研究方向是中国企业的知识管理战略，和科技与社会研究所的知识创新、科技政策研究方向有一定的契合度。曾老师说，我用的实证研究方法和知识管理方向都和科技与社会研究所有一定的互补性，进来后会有很大的发挥余地。

我那时对科技与社会研究所一无所知，当时我的很多同学非常不解，劝说我慎重考虑。因为，作为最热门的管理学、公共政策学博士、博士后，不去当县长（当时很多同学去海南、黑龙江和甘肃，而且我也已被某地方任命为正处级公务员）也就罢了，国务院发展研究中心平台高、见识广，更容易接近经济管理研究的第一线，应该去那里。最次也应该去知名院校的商学院，从事管理学和工商管理硕士（Master of Business Administration，MBA）教育，更有前途。有的同学直言不讳地说："你在那里当了教授又怎样？"说这些话的同学现在已经是南开大学、北京理工大学、中国人民大学、北京化工大学等管理学学科的带头人，有的甚至入选了"教育部高层次人才项目"。

当时考虑家庭因素多些，同时，毕竟在清华大学求学、研究待了六年，生活习惯已经适应，非常喜欢清华园的氛围，不想东跑西颠。考虑再三，并经历接近半年的审批，终于到人文社会科学学院科技与社会研究所报到。

留校以后，教学、科研成为主要任务，与曾老师认识也逐渐深入。我印象非常深刻的"第一次交手"是申办"欧洲研究中心"项目，在这之前的一年，欧盟决定资助中国已有的欧洲研究中心，每个中心每年获得资助经费高达几十万欧元，清华第一次申请没有被批准。曾老师对这个项目非常重视，那一年由科技与社会研究所牵头申请，曾老师看到我成功申请过国家自然科学基金项目，就交代我重新撰写项目申请英文报告，并多次跟我说，这个欧盟项目对于夹缝中生存的科技与社会研究所而言至关重要。不仅是经费的问题，而且对于校内外的认可非常重要，只准成功，不准失败。

我那几个月其实下了很大功夫。先认真分析欧盟出台的详细、冗长的项目申请要求，然后仔细分析前一年失败的原因，我发现，去年递交申请的本子只不过是问答式填空，根本没有把清华团队的优势、项目申请的意义和目的说清楚，一切从头再来，那三个月几乎都用来撰写这个报告。同时，我从别的老师手里接过非常棘手、没人愿意承担的一门专门面向法学院本科生的"科学技术概论"课，深陷其中，叫苦不迭。因此，撰写报告进展比较慢，结果快到截止的时候才完成，曾老师暴跳如雷，劈头盖脸一顿批评，第一次真正领教到曾老师如火的性格和雷厉风行的作风。

二、相知

来所工作时间一长，与曾老师打交道多了，相知日深。我敢说，我是被曾老师批评最多，同时也是与其最相知、最互相了解的一位。

首先，我被他的那种"不要命"的勤奋所折服。在新斋，我是到办公室比较多的一个人，曾老师却是天天泡在办公室，他的两间办公室四周堆满了书，办公桌上除了书就是期刊、研究报告。

他工作起来绝对可以称得上是“拼命三郎”，经常吃完盒饭，喝杯咖啡，就开始工作，夜以继日，下半夜回家是家常便饭，我当时想，他已经到知天命的年龄，本来可以依靠学术地位吃老本，颐养天年了，干嘛还像年轻人一样拼。他和我们想的不一样，他从不知足、从不认命、从不服输，总是战斗在学术的最前沿，啃硬骨头；每一篇论文都是亲自动手，每一个报告都是亲自研究撰写，对学生的论文也是修改得密密麻麻。

他不满足于在自然辩证法、科技哲学、科技政策领域名声显赫的学术地位，而是不断开辟新方向。到了深圳以后，成立产业哲学研究会，我也是多次参与他的研讨会，深受启发。他去深圳很快就成为深圳市委、市政府聘请的仅有的几位战略咨询专家之一。这些成绩都与他的拼命三郎干劲、宽阔的学术视野和极强的事业心以及为人分不开。

刚来科技与社会研究所，我指导的学生的论文在答辩的时候被指出没有哲学味道，所里老师几乎都是哲学出身，只有我一个异类，原来的热门专业和专长在科技与社会研究所竟然被边缘化，对此我纠结了一段时间，曾老师总是拿STS大旗和宏伟愿景来鼓励、支持我，让我心中的郁闷纾解了很多，使得在十字路口徘徊的我仿佛看到了事业发展的方向。

其次，曾老师是一位值得尊敬的长者。曾老师对我这个教学、科研的新手的不足和缺点的批评，总是一针见血、毫不留情，但是，曾老师的批评从来对事不对人，尽管有时候说话比较激烈，当时让人下不来台，但是，事情过去以后，一如既往。

不了解曾老师的人对他的暴脾气颇有微词，其实，时间长了，越来越发现曾老师是一位乐观豁达、心胸开阔的长者。他对人从来没有什么城府，疾风暴雨的批评过后就是孩子般的爽朗笑声。在我看来，他就是学术界的李逵、张飞，赏罚分明、疾恶如仇，谁敢横刀立马，舍我其谁？有担当、有血性。

批评人不留情面，赞扬人也是热情有加。作为所长和长者，对于我们年轻人的每一点进步，曾老师都看在眼里，不吝赞美之词。有一天我路过他敞开的办公室门口，他像搞到了什么重要发现一样，大声喊我名字，说我的两篇论文竟然是相关学科引用最多的论文，其实我从来都没有在意过。在经管学院、公管学院，过去大家不太重视学术圈子的评价，更多注重理论的实践意义和政策影响力，我的两篇论文被引用竟然超过了百次，在曾老师看来这是非常值得肯定的，在清华大学也是少有的。

我后来在《中国软科学》《科学学研究》发表了几篇拙文，曾老师竟然全文打印下来，与他的学生一起研读。2014年，我完成了专著《创新生态体系论》初稿，让曾老师看看提点意见，他那时候已经去了深圳，比在本部更忙，但是，曾老师非常认真，从头至尾认真审阅，从内容到格式提了很多很好、很中肯的建议。而且在深圳逢人便说这本书的优点，其实是高抬我了。

心胸豁达、视野开阔、不断开拓、敢于批评和自我批评、甘为人梯、激励后进……现在想起来，作为一位学科带头人，曾老师这些优点是多么难得。我想，尽管曾老师生前批评过很多人，但是其追思会上来自国内外众多学人的无声的思念和奔涌的泪水充分表达了对曾老师宝贵品格的肯定。

三、无尽的思念

三年前那个黑暗的日子，我至今历历在目。中午我们几个老师正在明斋241举行学术答辩会，老大姐陈宜瑾在门外哭着喊了起来："老曾不行了！"平时开玩笑已经习惯了，我心里还暗想，老陈怎么开这种玩笑，后来不幸的事实被多人反复核实以后，才开始相信这是真的，半天没有人说话……

两天以后，我参加一个早预定好的广州会议，本来想借机从广州去深圳最后看一眼曾老，因为我还要赶回来给本部学生上课，但是晚上与平聚联系，他说在追悼会之前，殡仪馆不让任何人见。没办法，又回到北京上完课，与大部队一起重返深圳参加追悼会，几天时间从南到北搞了两个来回。追悼会上，本来想说很多话，但是当话筒传到我手中的时候，纵有千言万语，竟然一句也没有说出口……

曾老师生于贵州，是家中长子，出身贫寒，一生坎坷，他曾经在建筑工地当过小工，艰辛岁月，艰难度日，尝尽了人间疾苦，据说家中萱堂尚健在……恢复高考以后，他通过自己顽强的努力改变了命运。他调到清华大学科技与社会研究所的时候，正是所里青黄不接之际，老教师都面临退休。当时正值清华大学复建文科，面临国内外诸多文科强校的挑战，作为学科带头人，曾老师付出了常人难以想象的艰辛和努力，可以说为清华大学的文科振兴做出了巨大的贡献，他是清华大学科技与社会研究所的灵魂，我想，今天如果曾老师还在的话，清华STS的名声也许会更响亮一些。

那年初夏，曾老师最后一次从深圳研究生院赶来本部科技与社会研究所参加学生的答辩，与往常一样，他总是来去匆匆，但是临走的时候总来我办公室坐上一会儿，我们海阔天空，无拘无束。当时我就提醒曾老师要注意身体，60多岁的人了，不要和年轻人一样拼了，尤其要少抽烟、少熬夜，因为之前曾老师曾经患过面部中风，后来通过针灸治好了。我不懂医学，但是觉得这肯定说明他的心脑血管系统出了问题。谈到生命和健康，曾老师哈哈一笑，不以为意。我隐隐约约感到有些担心，结果回到深圳时间不长，惊天噩耗竟传来了。

2017年清明前夕，曾老师骨灰终于运回老家贵州安葬，因为那一周学校清明放假调课，正好周末有课，没有办法去贵州参加安葬仪式和追思会，我跟铠军说："你去的时候替我在曾老师墓前说几句话吧。"结果铠军整理了我和他在微信里聊天的几句话，打印成一段文字，放在了曾老师墓前，现重录于此：

> 曾国屏教授是我国STS学科的创始人，清华科技与社会研究所的开拓者和中兴者，东亚STS网络(EASTS Networks)的创始人。一个有学问、有担当、有血性、有人情，工作起来奋不顾身的学科带头人。
>
> 我要是不上课，我真的想跟曾老师去说说话，他每次从深圳回清华，都到我办公室来坐坐，子丑寅卯聊一聊……
>
> 对于我来讲，曾老师永远是一位襟怀坦荡、爽朗可亲、亦师亦友的长者！
>
> 人们永远怀念他！
>
> 2017年3月28日于明斋

落花流水有意，世事残酷无情。62岁的年龄对于一位哲学家而言正值盛年，本来可以指点江山，激扬文字，可他恰如一颗流星，正当中国及世界STS事业需要他的时候，骤然而逝，划过天空，不留一丝痕迹。

又逢四月，清明又至。繁花落尽，阴雨霏霏，独自徘徊。想对曾老师说几句话，但是，又不知从何说起。

三年了，再也听不到他爽朗的笑声，再也听不到他中肯的批评。不知道他在那边，过得还好吗？

千言万语曾老师！

千呼万唤曾老师！

……

（本文写于2018年40周年所庆之际）

跟曾老师学产业哲学

| 万长松 |

“为什么要去登珠穆朗玛峰？”当记者问英国登山家乔治·马洛里时，他回答道：“因为山在那里。”当有人问我：“为什么要研究产业哲学？”我脱口而出：“因为产业在我们周围。”我们周围的感性世界和产业是同一的，因为它“决不是某种开天辟地以来就直接存在的、始终如一的东西，而是工业和社会状况的产物，是历史的产物，是世世代代活动的结果……”[①]所以，为了彻底地认识我们周围的世界进而认识我们自己，认识人类在整个世界中的位置和历史作用，我们有必要反思人类最平常也是最基本的实践活动——产业。正如珠穆朗玛峰耸立于地球有数千万年之久，而人类只是在20世纪中叶才登顶一样，广义的产业已经伴随了人类数千年，而我们却很少对之加以关注，更不要说进行穷根究底式的哲学思考了。登上世界最高峰并不能带来什么物质性利益，就如同对产业的哲学思考不能代替物质生产本身一样。但是，无论是登山还是思考都是对人类自身生理和心理极限的挑战，而每次挑战的结果都是人类在战胜自然和人本身征途上的里程碑。

艾萨克·牛顿爵士曾经谦逊地把自己比作一个在海滨玩耍的小孩，为不时发现比寻常更为光滑的一块卵石或比寻常更为美丽的一片贝壳而沾沾自喜，却没有注意到眼前浩瀚的真理的海洋。可以说，产业哲学这一崭新的研究方向之于我就像是这样一块卵石或一片贝壳，不同的是我没有牛顿那样勤奋和幸运，他是自己捡到的，而我是从别人的手中接过的。幸运的是，是我

① 马克思，恩格斯. 马克思恩格斯选集. 第1卷. 2版. 中共中央马克思恩格斯列宁斯大林著作编译局编. 北京：人民出版社，1995: 76.

而不是别人得到了它；欣慰的是，我非常珍惜并有志于有一天把它变成宝石或珍珠。我从事产业哲学研究纯属偶然。2005年初，我有幸来到清华大学科技与社会研究所做博士后，合作导师是曾国屏教授。本打算继续从事博士学位论文后期的研究工作，以使我的研究从硕士期间的苏联自然科学哲学到博士期间的俄罗斯技术哲学一直延伸到博士后期间的俄罗斯（苏联）科学学和科技政策，这样做一方面使自己对俄罗斯科技哲学领域的研究系统化，另一方面也使自己的研究从务虚走向务实、从为往圣继绝学转向为万世开太平；但去清华大学报到的前一天晚上，忽然接到曾老师的电话，把我博士后期间的主要工作定为产业哲学研究，这是我第一次听到"产业哲学"这一概念。以至随后在清华紫光国际交流中心召开的"产业哲学座谈会"上，我这个将要研究产业哲学的博士后只能在端茶倒水之余洗耳恭听在座专家的高谈阔论。显然，接下来的研究工作异常艰苦：理论功底不足，研究资料匮乏，千头万绪，无从下手。投出去的论文石沉大海，申请的各种基金杳无音信。有一段时间我甚至怀疑这是不是一条行得通的道路以及自己能否驾驭这一课题。是"敢为人先、天道酬勤"的清华精神鼓舞了我，是科技与社会研究所浓厚的科研氛围和优秀的科研条件帮助了我，是各位老师和博士后同人的思想火花启发了我，是曾老师的点拨和鞭策激励了我，经过两年博士后的苦乐生涯，我按时出站并发表了一批产业哲学方面的论文和著作。春华秋实，苦尽甘来，当年我在清华园种下"产业哲学"这粒种子，如今已经在燕山大学收获了第一批果实。2008年，我的研究不仅被河北省社会科学基金批准立项，而且由"河北省教育厅学术著作出版基金"资助出版。回首自己走过的路，可以用给导师的临别赠言概括：感谢您给了我一个深造机会，成就了一个清华梦；感谢您给了我一个研究方向，开辟了一片新天地。

从硕士、博士一直到博士后，一路走来需要感谢的人太多，难免挂一漏万。但首先应该感谢的是我的合作导师曾国屏教授。从一名博士研究生成长为能够独立开展科研工作的哲学社会科学工作者，曾老师无疑起到了春风化雨和点石成金的重要作用。作为战略家，他对学术前沿重大问题的敏锐洞察和及时捕捉的能力，让我难以望其项背；作为学问家，他对研究对象独到的见解和鞭辟入里的分析以及一丝不苟的治学态度，让我受益无穷。潜心学问时静若处子，精雕细刻；申请项目时动若脱兔，当仁不让，包括南方人身上特有的聪慧、勤奋、充沛的精力、率真的性格乃至有些狡黠的一笑，都令我终生难忘。

感谢鲍鸥老师，没有她的穿针引线我不可能来到清华园；没有她的宽严相济、恩威并重，我不可能迈过人生的诸多沟坎。

感谢清华大学，这四个字让我体味的不是人前炫耀，更多的是肩上沉甸甸的责任；不是我应该从清华索取什么，更多的是我应该为清华做些什么。在今后的日子里，二校门、大礼堂、新斋、荷园、普吉楼、近春园、水木清华、行胜于言、厚德载物……所有这些有形和无形的记忆，都会成为我梦中的家园。

再见了，清华园，那里是我圆梦的地方；我来了，燕园，燕山脚下渤海之滨的这片热土是我新的起点。

（本文写于 2008 年 30 周年所庆之际）

回忆我的导师曾国屏教授

| 刘小玲 |

时光荏苒，当我写下这篇小文缅怀我的博士研究生导师的时候，已然过去将近三个年头。曾老师的音容笑貌，特别是他那经常闪现的老顽童似的调皮神情，宛如昨日！

先从与曾老师第一次见面开始说起吧。2002 年，我作为南开大学社会学系综合成绩前三名的学生，有机会去清华大学科技与社会研究所参加面试，如通过，则成为硕博连读研究生。记得踏入曾老师办公室的一刹那，我就被满屋子的书所震撼！书柜、书桌、沙发、茶几，甚至地上都堆满了书，无从下脚。一个头发有点花白但是容光焕发的人从堆积如山的书中探出头来，笑呵呵地说了声："自己找地方坐吧！"待我坐下，他又说："我还担心你们找不到地方呢，等着不敢走开。你这么早就到了，看来是比较机灵的。"听了这些玩笑话，我的紧张情绪有所缓解了。不一会儿，又来了李正风老师，他也是面试主考官。印象中，两位老师没有问我高深的专业问题，更多是了解知识背景和兴趣。结束后，我需要当天傍晚赶回天津等候面试通知。曾老师给了我 100 元钱，说："这是给你买车票和吃晚饭的。"我哪里好意思收啊。李老师狡黠一笑，说："你就收下吧，就当老师给你的见面礼。"

直至今日，每当我想起这 100 元钱，仍然心存感激。曾老师就是这么一个人，看似大大咧咧，实则心细如发。他对学生的关心是从细微处着眼的，谁的家里比较困难，谁生病了，谁最近是不是忙着谈恋爱，他都很清楚。他对我们的学业要求也非常高，我们作为他的学生，都没少挨过他的批评，而且他的批评从来没有"遮遮掩掩""拐弯抹角""风轻云淡"，而是"疾风骤雨”“电闪雷鸣”，把我们吓得不轻。但后来我们都发现，风雨过后马上就有彩虹，他把该批评的都批评完了，又和颜悦色地对我们好了，坏印象不留着过夜，也从不在背后数落我们的不是，反而在别人面前经常夸奖我们的好。

若干年后，当我走上工作岗位，开始了与形形色色的人打交道，越来越感觉到曾老师这种耿直与真诚的品质是多么可贵！我想，肯定不只是我一个人感受到了，曾老师在圈子里有那么好的人缘，他的人格魅力可见一斑。

在五年的求学道路上，曾老师也给了我不少指导和帮助。且不说我的博士毕业论文凝聚了曾老师的大量心血，他的很多教诲也让我受益终身。我开始写论文的时候，文字很干瘪，理论性有余，可读性不强。曾老师看了之后跟我说了一句话：“功夫在诗外。”他让我多读读杂书，多想想其他看似与学术理论无关的生活话题，从而开阔自己的视野，最终得以丰富思想和文字。

这么多年来，我始终把这句话记在心里。如果说，我如今能够在科技创新决策咨询领域取得一点成绩，靠的也就是对这句话的反复领悟和实践。每次工作上遇到困难，就拿出来嚼一嚼，又豁然开朗了。

曾老师的学术思想体系非常丰富，从科学哲学到科学社会学、从创新方法论到创新管理和创新政策、从学术研究到科学普及，著作颇丰。他对问题的剖析常常一针见血，他对自身的理论素养也非常有自信，常常带点小傲娇地说：“只有理论能告诉我们看见了什么。”

我想，对曾老师这位学术大家的最好纪念方式，应该是把他的思想和人格魅力传承下去，并带给我们的学生和我们的孩子，让我们一起努力吧！

（本文写于 2018 年 40 周年所庆之际）

师恩永记

| 李红林 |

突然就要离开了。五年，在这里的时光，仿佛极其久远，又仿佛白驹过隙。正如在我论文结束的那一刹那写在致谢里的话，“师门求学五载光阴如隙，但导师的严谨治学、探索不息和敏锐达观的风范却将令我一生受益”，在科技与社会研究所度过的这五年时光，必定是我人生中最重要的一段，影响我的一生。这种影响不仅来自我的导师，也来自整个科技与社会研究所、整个清华园。

仍然记得，2003 年的秋天，我第一次踏上北国的土地，就是来这里，参加本科直博生的面试，那个时候的科技与社会研究所还在文南楼。那是一个周末，曾老师和吴彤老师，是从家里过来给我面试的。曾老师还问到我爱好体育哪些方面，排球打什么位置。仿佛就是一种冥冥之中的暗示，以后的很多年里，我无时无刻不感受着清华园里的体育氛围和因此给我带来的种种荣誉。吴老师则拿着我的成绩单，看到大一微积分不太雅观的分数问我：“怎么这个分数这么低啊？”我赶紧跟吴老师解释这个成绩的原因和意义。6 年过去了，那个时候的场景还历历在目。

2004 年我入学了，如临沧海的一颗小水滴，拼命地想要融入这个集体。但因为学科出身的缘故，对于科技哲学的一切课程都极其陌生，所幸，我遇到了那么多好的老师，2004 年、2005 年的那些课程和讲授这些课程的老师，给了我很多的帮助和鼓励，如杨舰老师的和蔼可亲，高亮华老师的温文尔雅，蒋劲松老师的敏锐明辨，李正风老师的思维缜密，曾老师的海阔天空，刘兵老师的潇洒不羁，刘立老师的生动活泼，曹南燕老师的一丝不苟……我想，我的这些印象应该是我们同时上这些课程的同学们都会有的。从老师们的身上，我们学到的，远远不止课堂上的内容。一直很遗憾，上吴彤老师和其他很多老师课的机会太少，不过还好，在平常的日子里，仍能从与老师们的接触中学习并感受到很多很多的东西，譬如吴彤老师的温厚可爱、多才多艺、生活与学术并举的高品质生活态度，肖广岭老师的谦厚，雷毅老师的风度翩翩，王巍老师的睿智，吴金希老师的幽默风趣，张成岗老师的低调踏实，鲍鸥老师的善良美丽和时刻散发的知性魅力……

在此后的学习和科研进程中，我开始接触到了丁厚德老师，每次讨论，看到他颤抖的手，我总是心生无限敬意，丁老师的思维仍旧很敏捷，而且严谨的态度深深地感染着我们。最近看到魏宏森老师写的《科技与社会研究所创立的历史回眸》[①]，不禁感叹，30 年过去了，我们的老教授们曾筚路蓝缕、载渴载饥，用青春成就了科技与社会研究所的深深根基，今天科技与社会研究所正走在繁荣发展的康庄大道上，他们仍然心系这里，不曾远离。我想，这些都将一直感动着我们每一个走进科技与社会研究所，再走出科技与社会研究所的人。

然后，我很想说说我的导师曾国屏教授。曾老师，一直都有一头引人注目的白发，我总是以为，这是智慧的象征。事实上，我们都会发现，他通常是思维极其敏捷，跳跃性非常之强，但是又能拨云见日，切中要害的那个人。上曾老师的课，或者跟曾老师说话，需要能跟着他信马由缰，但是又需要跟着他回到原本的话题上，才能明白他说的是什么，这需要一定的定力和内功；曾老师，偶尔火爆，很率性，没有城府，想到什么就是什么，想说什么就说什么，然后可能回头就忘。师门曾有人笑称，曾老师是一个天真可爱的老头儿。但其实，曾老师一点都不老，他有一颗永远年轻的心，拼劲、干劲和学习的劲儿远超过我们这些后生晚辈中的很多人；曾老师又是一个非常细腻、心地善良的人，他甚至可以清楚地说出每一个博士后老师的名字、毕业院校（在某一年的春节联欢晚会上，着实令我们很多人惊讶不已），他会关心到师门中的很多细小的事情，并且如数家珍，又时时给予关怀。在师门的五年时间里，导师的这些精神时时刻刻在影响着我，要乐观、坚强、开朗、善于学习、敢担责任、不断思考、永远进取……太多太多，值得我们用一生的时间去体味和学习。

突然就要离开了。五年，科技与社会研究所也从文南楼搬到了新斋，我

---

① 参见本书第一编第一篇。

们也从懵懂的年纪到羽翼渐丰要走向工作岗位。转身也许只是一刹那，但老师们的言传身教，将伴随我们一生。最后，想对所有辛勤耕耘在这里的老师们说一句："谢谢您，您辛苦了！"

（本文写于2018年40周年所庆之际）

清明与师书

| 王程韡 |

好久没有梦到恩师曾国屏了——可能是忙的，各种大的小的环境的变化让人应接不暇。可就在昨天，陡然发现他竟然就斜坐在教室后面，穿着他那件破了洞的棕色夹克，若有所思。讲座结束了，曾老师开始表达自己的观点，依然一副手舞足蹈、意气风发的样子。可惜我坐得离他稍远，竟然听不清他讲些什么。接着，旁边的同学和我说："曾老师那个年代人家还在用 T9 的按键机吧，现在俨然全都'智能'了……"这才知道，原来是梦，原来恩师已经离开了我们，原来竟然还没有机会携全家去贵阳看看他——给他带点他这个年纪并不应该去碰触，不过依然是他最爱的雀巢速溶咖啡和红瓶可乐。

其实从曾老师走的那一天，仿佛就很排斥写回忆他的东西。觉得只要不写，他就还在，只是去了一个距离我很遥远的地方。而我，因为家庭原因，没法时常去看他。

决定做他的学生已经是 15 年前的事了。当时大家着急忙慌地在"推研"和"出国"的大潮中将自己"卖"出去，"卖"个好价钱。我是个典型的在本系很难保上的"差生"，只能看有什么地方愿意收留我。那个时候的科技与社会研究所还在文南楼，全体教师挤在两间大办公室里，不过在那个年代竟然还有一个网站。鼓起勇气给他写了一封套磁信（motivation letter），表达了自己弃理从文的决心，末了还不忘提上一句贵所的网站太丑了，若需要我可以帮忙改改。后来和曾老师通了个电话，参加了简单的"线上"面试就被录取了。可在此过程中，我全程没有见过恩师的样子，就连同意的导师签字都是找吴彤老师代签的。同在社团的一位小姑娘告诉我，曾老师是宛若《射雕英雄传》里老顽童一般的存在，见了面自然会认得。

她说得没错。实际上在办公室的走廊就总能听见他洪亮的调门和一开始不那么容易把握的贵州普通话，而且听到的通常是骂人声，不过骂着骂着自己就笑了。师兄弟们说，我大概是同师门里从来没挨过骂的一个。现在自己当了老师，才明白这就是所谓的因材施教——如恩师所说，清华的学生心气还是比较高的。即便是落了平阳也还是一只虎。遥想当年博士生资格考试的时候，看着已经毕业的学长们的论文，就扬言这种程度的东西我三个月就能写出来。结果还真的攒了一个东西出来。曾老师不予置评，特地找了一个他在美国任教的朋友给看看。人家反馈的意见是“框架很像一本教科书”。我知道那是莫大的批评，说我没有问题意识。曾老师见我已经知错，便不再批评，只是淡淡地说“问题你自己找”，并告诫我做人、做学问都不能“抖机灵”。回想起来竟然连他一门课都没有正经上过，不过类似的教诲倒是听了不少：比如，要爱惜自己的羽毛，要坚持自己读书、写论文……这些话我也原封不动地讲给我的学生。

曾老师常说，自己并不是一个好父亲。刚刚调入清华大学的时候，大家的工资都很低。由于种种原因，彼时的科技与社会研究所甚至也面临着生存危机。他于是自掏腰包，在办公室装了一个拨号上网的“猫”（即调制解调器）。他安慰自己，说做学问不能闭门造车。结果一个纯搞自然科学哲学的人，硬生生地插进了国家创新系统这个在当时看来非常具有前瞻性的领域。曾老师并不是科班出身，恢复高考前搬过砖、修过无线电，考试也只是上了个大专，没什么英语底子。国家创新系统的理论本身并不复杂，但除了系统二字和他此前关注的系统论还有点联系外，其他几乎都是从零开始。用他自己的话讲，当时人家也不知道怎么就杀出来个科技与社会研究所。在清华大学，曾老师被破格提了教授，仰仗着他“独著且被转载的八篇”文章，接着又担任了中国自然辩证法研究会和科学学与科技政策研究会两个国家一级学会的副理事长。悉数往事，恩师说对不起自己的儿子——特别是身为父亲，甚至没能很好地补贴家用。不过他的牺牲、他的奉献和他的执着，给科技与社会研究所换来了 20 年宝贵的生存和发展时间。

听久了曾老师艰苦创业的故事，自然要以他为圭臬。2018 年 4 月，犬子出生，我和爱人自己带。但听说承接校长的一个决策咨询项目可能会给这个岌岌可危的组织带来一丝转机，就毅然决然地投入了时间，甚至还搭上了还没正式入学的学生戎毅杰，咬牙做下来。可惜在学校的统一部署下，科技与社会研究所还是被解散。所里的老师们让我这么一个唯一没有长聘的奔四的

“年轻人”负责教学等一系列烦琐的收尾工作，我也还是二话没说就接下了。没别的原因，就是想着如果是恩师在我这个位置，定也会欣然接受。可我们这样的人，仿佛这过气的 T9 按键机，始终不属于这个急功近利的时代。

就在前天，接到院里通知，科技与社会研究所信息管理的权限也需要交回去。请示了领导，是否要做最后的努力。无果，终于在昨天签字、交表，科技与社会研究所的网站也不日正式下线。所以要和恩师说声抱歉：“曾老师，对不起，科技与社会研究所彻底没了。学生无能，没守住！”

也就在昨天，突然看到一则消息——中华医学会医学伦理学分会的会议要在遵义召开，就顺手查了一下遵义和贵阳之间的交通，貌似两三个小时的火车就可以到。索性发在师门的群里，想着问问有没有师兄弟同去，最终还是忍住。生老病死，貌似只有我目前在关注这个话题。不过，真的有好多话要和他说：比如，我有儿子了，记得曾老师生前还开玩笑说师门阳气太重，学生入门后生的都是姑娘。比如，我和“大部队”到了科学史系，暂时还留在园子……不过我还是我，除了老了点，还在坚持自己读书、写文章，还在好好地上课、带学生，还在不遗余力地尝试做出自己的学术贡献，但却从未想过一鱼两吃、冷饭热炒。同时，我也始终相信曾老师说的“每个人都属于他自己的时代”——一直做好了准备，如果不配待在这，就从哪儿来回哪儿去。不过，鉴于曾老师和家人相处的惨痛经历，我每天都花时间陪儿子，给家人做饭。

今天就说到这吧，看屏幕都有些费劲了。愿恩师在那边一切都好，下次别再穿破衣服了。

（本文写于 2019 年清明之际，首发于作者公众号）

当时只道是平常

——忆我跟随导师杨舰的点滴

| 陈超群 |

“你无法在展望未来时串联点滴，你只能在回顾过去时将其升华，所以你要相信，这些点滴片段会在未来以某种方式串联起来。”这是史蒂夫·乔布斯在美国斯坦福大学 2005 年毕业典礼上的演讲。很多人喜欢他那句“求知若渴，虚怀若谷”。我却对他串联点滴（connecting the dots）的概念情有独钟。每当我回忆在清华大学科技与社会研究所读研的那段时光，都不由想起那些点滴时光。

我 2002 年进入科技与社会研究所读科学技术史方向，导师是胡显章和杨舰两位老师。因胡老师临近退休且有学校其他事务要忙，我在学业上更多受杨老师指导。科技与社会研究所的研究生培养很早就已经采用了类似“导师组”的形式，除了自家嫡亲导师，刘兵、李正风、鲍鸥、张成岗等老师组成的导师“天团”也常对我们科学技术史方向的学生的课业、文献阅读、论文选题等进行各种“魔鬼式”训练。

在清华大学读书大概就是这样吧，糊里糊涂就过来了。然而，时间是奇妙的，一些当时看似普通的浮光掠影、只言片语，后来却在我的工作和生活中愈发清晰和珍贵起来，下面就说说我的导师杨舰老师吧。

一、“提真正的问题”

杨舰老师常跟我们这些学生讲，要学会“提真正的问题”。上课听老师讲完后进行课堂提问，或者听完学术报告后向主讲嘉宾提问，这是我们从幼儿园就会的一项技能。谁不会提问呢？但杨舰老师说："提问容易，'提真正的问题'却并不容易，研究生要能够提出学术范畴的问题，学会与学术同行对话，具体到科学技术史来说，要能提出真正的科学技术史问题。"

提出真正的学术问题是需要具备一定的学术素养的，比如，需要了解国内外一些相关的研究进展，掌握相应的学科理论框架等，这样才能进行学术对话，而不是天马行空地问一些不着调的奇怪问题。

当时我刚从清华大学中文系汉语言文学专业出来，平时读的是诗词歌赋、散文、小说，忽然变成了牛顿、爱因斯坦、库恩范式，学得很费劲，甚至完全学不通，觉得连入科学技术史的门都难，更难提出什么真正的科学技术史问题。但杨舰老师鼓励我们提问题，但凡请来了大教授作学术报告，比如，中国科学院自然科学史研究所的刘钝教授、上海交通大学的江晓原教授，或者美国、日本、韩国的教授，到了提问环节，杨舰老师都会对我们这些学生投来期待的目光，于是我们就提问了，用尽全力体现自己平日的科学技术史素养，想方设法问出个真正的科学技术史问题来。而杨舰老师，也必然会在之后的某个机会，跟我们聊起那天的那个问题是不是真正的问题，提得好不好，有没有水平，如果提得不够好，怎么改才能化腐朽为神奇。经历了一次次"练习"之后，终于有一天得到"你今天提的问题还不错"这样肯定的评价。

我后来明白，"提真正的问题"不仅是在课堂和讲座上提出好问题，还是真正进入研究工作的前提和基础，因为，一篇论文题目的立题，不就是提出一个真正的问题吗？

论文题目不是"拍脑袋"，而是在前人研究成果的基础上提出新的问题，或者解决前人的研究没有解决的问题。对国内外前人的研究成果进行搜集、梳理和总结，叫做文献综述。杨舰老师早早地已经在潜移默化中对我们进行了这种思维方式的培养。

为了提出"真正的问题"，做文献综述的那段日子是非常艰苦的。经常去清华大学图书馆、国家图书馆检索资料、阅读文献，但人都有惰性，稍微用点力就觉得自己很累很了不起了，结果交给老师后被批评一通。研究工作一定不能想当然，要以扎实的文献综述为基础，才能有立得起来的问题。

再查、再改，还是不行。继续查资料，继续改。如此反复折腾，苦不堪言。清华大学对学生的培养真的是非常严格的，记得当时与我同住一个宿舍的是一位中文系的师姐，她也饱受导师"折磨"，好几次我见完导师回到宿舍，她也刚从导师那里回来，我俩就抱头痛哭，一起痛“骂”导师太残酷。

磨了大半年，我的文献综述才终于过关，真是刻骨铭心。但这个刻骨铭心真是太有意义了。现在回望过去，正是因为有了“提真正的问题”这样的训练，我至今仍保持着严谨求实的思维，对于一些工作，总要看一看国内外已经达到什么水平，前人打下了哪些基础，留下了哪些问题，同行已经做了哪些工作，以及在此基础上能否提出创新点，即能否提出真正的问题。对于学生也是如此，我担任清华大学深圳研究生院院刊的副主编时，常会收到各种学生的稿件，虽然不是科研论文，但我对他们也是严格的，要求他们学会在新闻采访中“提出真正的问题”。

二、“要找最正宗的”

杨舰老师有一个习惯——追求正宗，山寨仿冒的、道听途说的一概看不上。比如吃饭，当年杨老师时常为我们这些学生改善伙食，每次选地方的首要条件永远都是“去最正宗的那家”，而且他知道很多最正宗的地方。于是，我第一次吃到了最正宗的湘西芷江鸭（杨老师的祖籍是湘西，据说还是侗族的呢！），第一次吃到了最正宗的日本料理（杨老师在日本留学十余年，对日本饮食文化如数家珍），第一次吃到了最正宗的江西菜、贵州菜、东北菜……很多店名都忘记了，但记住了这些地方一致的特点——最正宗。吃一吃最正宗的美食，瞬间就把被导师“折磨”的痛苦忘到九霄云外了。

如果光是说吃饭的事儿，我就不在这里写了。现在回想起来，这不仅仅是吃饭的事儿，杨老师什么事儿都讲究“最正宗”。比如，在科学技术史的研究工作中，他要求我们找的史料最正宗。

别人引用过的，我再摘抄引用一遍，那不叫史料，杨舰老师对我的要求是，去找那些“第一手”的史料。所以，我在几乎很少有人过问的清华大学老图书馆地下室度过了许多难忘的时光，我的论文是从中国近现代科技发展的视角看 20 世纪 30 年代初清华大学工学院的创建，而老图书馆的地下室藏着许多第一手的清华大学校史资料。于是，我有幸翻阅了当年以毛笔字记录的校务会议纪要和校长签发的文件，也有幸翻阅了清华大学早年的校报、《新清华》的前身——《清华周刊》。抚过泛黄、发脆的纸张，我的脑海中构建出了那个年代清华人的理想、追求和情怀。一切都是那么正宗！

科学技术史研究也属于历史研究，历史本就是编史者书写的历史，经过时代变迁、社会沉浮，一些人物的面目变得模糊，一些事件渐渐演变成了故事，这些都不奇怪。对于历史研究来说，拂开迷雾和云烟，去追溯最初的源头，去设身处地地理解当时的历史语境下这些何以发生、如何发生、如何发展又何以湮灭，则是在科技与社会研究所读研时导师言传身教的历史观和方法论。

工作多年以后才发现，当年导师常说的那句“要找最正宗的”，也已在不知不觉中影响着我的态度和原则，比如，遇到事情不要忙于做判断，更不要人云亦云，理性地想一想，找一找事情之所以发生的源头，尝试去理解它在当时何以会发生，以及各种当事人的诉求，那么，处理问题的时候就会更多一份从容和包容。

人们常说，文学、历史、哲学是无用之学。但我恰恰认为它们非常有用，只不过不是很多人追求的创造经济价值等成功类学说的“用”，而是如何更好地与这个世界相处之“用”，这个“用”更内在、更长线，不易察觉，积累缓慢，但受益终身。

三、“研究生的训练”

杨舰老师常说，硕士阶段最重要的是接受“研究生的训练”。何谓“研究生的训练”，我想，除了上面提到的“提真正的问题”“要找最正宗的”以外，还有很多与导师相处的过程中不知不觉学到的点点滴滴。这些点点滴滴是用时间熬炖出来的一锅浓汤，当年不懂，还没少埋怨。

记得当时同宿舍的师姐开玩笑说，你导师比你男朋友给你打的电话都多。岂止是多！我往往一早就被电话叫起，是杨舰老师的声音，他问我昨天的研究进展，或者指点我去查某某资料，看看是不是有什么新的线索或足以支撑论点的证据，当我欣喜地得到一些新的进展后，杨老师又会把我叫到跟前，不厌其烦地与我讨论。那时候我跟别人半说笑半抱怨：“导师跟我讨论问题常常连续好几个小时，我几次站起来，说‘那……’，言下之意是想开溜了，结果导师依然兴致勃勃地说着我的论文，于是我只能默默地又坐下了，好几次到最后只能以宿舍要关楼门了为理由开脱。”

现在想想，那种受教的经历，是多么奢侈！

如今，我在清华大学深圳研究生院从事公共关系工作之余，出于兴趣爱好，受北京大学刘华杰教授的启发和指导，也在开展一些与博物学相关的工作。其实，在学科学技术史的时候，对西方的博物学传统和达尔文、林奈、法布尔等博物学家已经有了粗浅的了解，如今我又从科学技术史走向博物学，算是延续了硕士研究生时期之所学，没有毕业后就将“一身武功全废”。2016年底，我的第一本文集《一城草木》由上海交通大学出版社出版，并有幸被纳入“博物学文化”丛书中。2017年下半年，《深圳大学城风物志 · 草木篇》由中国科学技术出版社出版。今年我在博物学方面的主要工作是翻译一本美国传教士所写的关于中国东北部鸟类的著作，以后要开展的工作还可以有很多。我的博物学工作亦受益于当年“研究生的训练”。

现在我每次出差去北京，或者杨老师来深圳，只要有机会我们师徒总要见面，聊上好一会儿，好像还是读书那会儿似的，我有时还会“那……”一下，不过不是自己想开溜，是怕老师太劳累，岁月不饶人，这几年老师看起来苍老了许多。

回到开头引用的乔布斯的话，“你无法在展望未来时串联点滴，你只能在回顾过去时将其升华，所以你要相信，这些点滴片段会在未来以某种方式串联起来”。在科技与社会研究所读研，与导师相处的日常，就像是一个个 dots，看似是琐碎而微不足道的，但对学生个体的成长来说却有着不凡的意义。

如今弥足珍贵，当时只道是平常。

（本文写于2018年40周年所庆之际）

谦和君子、随和长者

——我心目中的肖广岭老师

| 李峰 |

每当我与导师肖广岭老师交谈时，他的神情是那样亲切、平易、随和，语句又是那样舒缓有致。在我的心目中，肖老师就是一位慈祥和蔼的长者，一位睿智严谨的智者，一位思想深邃、学识渊博的学者。

初见肖老师，是在 2007 年金秋季节“科研方法与规范”的课堂上，当时我们刚入学，对未知的研究生生活充满了期待。肖老师的第一堂课为我们讲授了“知识产权与学术规范”的内容，他不仅详细介绍了有关学术论文的著作权制度，而且非常具体、生动地告诉我们如何规范地做学术。正是肖老师的一番讲解，才使我对学术规范有了初步的了解。课后我还通过邮件向肖老师请教了一些问题，令我意外的是，肖老师一天后就给了我回信，不仅解答了我的问题，而且告诉了我一些与问题相关的资料、书籍以供我参考。肖老师的热忱指导让我受宠若惊。其实我现在回头想想，对于指导学生，肖老师是从不吝啬时间与精力的。

之后在确定导师的过程中，我很有幸，成为肖老师的一名学生。在我的研究生学习期间，肖老师无论从学习上还是生活上都给了我非常多的帮助。唐朝的韩愈曾在《师说》中讲到“师者，所以传道受业解惑也”。肖老师正是一位教授我知识、指导我思想、解答我疑惑的导师。

我在研究生第一年上了肖老师开的两门课：“自然辩证法（理工科）”和“系统科学哲学及社会应用研究”。其中，“自然辩证法（理工科）”课程是给肖老师做助教。自然辩证法作为公共课，学生上课一开始并不积极，而且肖老师是给理工科学生讲课，学生一开始对自然辩证法基本上一无所知，讲课难度之大可想而知。但肖老师讲课非常耐心、认真，课上鼓励学生提问，每讲完一个部分他都会停下来问学生有没有什么问题。如果有问题，他就会仔细回答。对于简单的问题，肖老师不会显得不耐烦；对于有价值的问题，肖老师首先会说“这是一个很好的问题”，这对提问的学生是个极大的鼓励。在回答学生问题的同时，肖老师也从不搞“一言堂”，而是在给学生介绍该问题研究现状的同时，提供参考资料和书籍，让学生们进一步了解问题背后深刻的理论和知识。

为了调动学生们学习的积极性，活跃课堂气氛，肖老师对自然辩证法课程投入了非常大的心血，他把全班分为若干大组，每个学生都要参与课下讨论，然后每组派代表阐述组内讨论结果，并在课堂上接受全班学生的提问，分享学习心得。这样几堂课下来，课堂气氛就很活跃了。有的时候，学生提出的问题超出教材内容，学生们都回答不了，每每这个时候，肖老师总是能够给大家指出问题的关键之处，并指出相关的研究资料，给学生们研究问题指明方向。从肖老师回答学生的问题中，也可以看出他深厚的学术功底。肖老师的博学让学生钦佩不已，下课以后经常被学生围住提问。几乎每次课肖老师都是解答完所有学生的问题后，才去收拾自己的教案，然后最后一个离开教室。

上“系统科学哲学及社会应用研究”这门课时，肖老师每周安排一次研讨课与所有学生讨论。在研讨课上，学生先讲自己研读的系统论中的理论知识和自己的理解，然后大家再一起讨论。事实证明，这样的讨论对我们的帮助是巨大的。每个学生都从研读、讨论中逐渐领悟了如何进行学术研究。在研讨课上，我们了解了系统论的不同理论、研究方法、理论应用以及存在的问题；我们学会了如何学习别人的研究成果。我们自己对于理论的理解，也正是在研讨课上得到了肖老师的指导以及其他学生的建议而得以深化的。在报告人讲解理论的过程中，肖老师和其他学生常常会提一些问题，然后再一起寻求问题的答案。有一些问题是系统论相关文献能够给予解答的，而另一些则没有给出解答或者解答不是特别令人信服。此时，肖老师凭借自己渊博的知识和严谨的思维，总能找到更好的事例和理解方法来帮助我们理解系统论、认识系统论。

肖老师很关心学生，他总是尽最大力量帮助学生。当学生的研究存有问题时，他都会耐心地指出来，不会表现出不耐烦或者不满意。有一次我向肖老师汇报有关全国普通高校校办产业统计数据分析，肖老师听了汇报后指出数据不够完整，还帮助我寻找数据来源，指导、帮助我到教育部科技发展中心找到了更为完整的数据。还记得在我确定毕业论文题目的过程中，我一开始很迷茫，不知道该写什么样的题目，如何写毕业论文。那段时间，肖老师每周都找我谈话，帮助我寻找研究兴趣和研究对象的平衡点，给我讲授论文的研究方法，解答我心中的困惑。还有一次肖老师去美国参加学术会议，回来后见到我的第一面就说：“我给你带来了些美国的研究资料，对你的研究会有些帮助，你拿回去看看。”肖老师总是不厌其烦地指导我，无私地帮助我，引导我走上学术之路。现在每每想到这些事，我都觉得特别感动。

肖老师是一位很随和、富有人格魅力的好老师。作为学生，我非常庆幸有这样一位导师给予指导和帮助。肖老师对我的无私帮助我将终生难忘。在清华大学科技与社会研究所建所 30 周年庆典之际，我想对科技与社会研究所全体老师们说：“老师，谢谢！老师，辛苦了！”

（本文写于 2008 年 30 周年所庆之际）

爱与责任

| 高璐 |

2018 年 3 月 30 日，我如愿以偿地录取到了第一个硕士研究生。她的综合素质优异，心态纯净，更重要的是，她有着对科技与社会问题最朴素的好奇。一想到这些，我把手上正在做的事情全都停了下来，初为人师，我竟有些诚惶诚恐。我将要与她一同读书，一起作文，共同体验失败与成功，这将是怎样的付出与收获？我真想问问我的导师：他是否也曾像我一样焦虑过？又如何坚定地陪伴着我们一个又一个学生走过最重要的学术旅程？我又该如何传承这份源于清华大学的学术之火以及传递爱与责任？

2006 年秋天，我在清华园三教二段的某个教室蹭了大半学期李正风老师的“创新与科技发展”课程，至今我还能清晰地记得他对创新概念严谨漂亮的论证。尽管不够自信，我还是在一日课后向他递出了我的简历，为了显示出成熟与坚定，第一次主动地与“陌生人”握手致意。那天从教室到西门的路仿佛特别长，我开始一步一步地构想以后生活的样子，我是否也可以像这园子里的学者们一样，不断地向自己与世界提问，并且通过研究与实践去作答。

还没入学，我便融入了科技与社会研究所的国际学术圈中，爱丁堡大学（The University of Edinburgh）的威廉姆斯（Robin Williams）与沈小白老师正在清华大学访学，他们带来了科技与社会领域中最重要的爱丁堡学派的学术好礼。此后，李老师和我也都相继来到爱丁堡大学进行访问学习。爱丁堡无疑成为我学术历程中的里程碑，且不说我的博士学位论文的研究案例几乎都来自访学期间的访谈与研究，到中国科学院工作七年后，我仍然保持着与英国科技与社会学界紧密的联系，甚至连续三年在中国科学院自然科学史研究所举办与爱丁堡大学科技与创新研究所（Institute for the Study of Science, Technology and Innovation，ISSTI）的联合工作坊。我从中国农业大学到清华大学再到爱丁堡大学的三级跳远，尽管每一步都困难重重，但是我庆幸有李老师作为我的领路人，在每个关键节点鼓励和鞭策我。在爱丁堡访学期间，每周我们都会有一上午的学术讨论。只有当走近去了解他，我们才能真正体会到他平和下的犀利，严谨下的幽默。他带着学生们瞻仰爱丁堡街头休谟与亚当·斯密的雕像，滔滔地讲起学术大师们的思想和历史，他广阔的学术视野时刻提醒着我们：作为一个社会科学研究者，不可唯书，不可局限自己的阅读范围，举一反三地以问题为导向进行深入的思考，才可做出好学问！

转眼到了开题之际，选题的新颖程度、已有的经验材料、理论的储备决定了未来的研究基调。答辩会上，刘兵老师、曾国屏老师和吴彤老师打趣道："有的学生是先有食材再磨刀，有的则是磨好了刀却无从下手。"这充分体现出理论与经验之间的复杂关系，以及一篇论文的建构属性。我属于先有食材的学生，除了李老师，曹南燕老师、杨舰老师和洪伟老师都在不同的场合指导我如何"下刀"。最终，我选择了从技术治理和科技与社会理论的演进两个角度来解释我的案例，我所阐释的科技与社会参与进路在 2011 年的时候还只是西方发达国家所面临的新兴技术治理难题，没想到在 2012 年之后欧盟的负责任研究与创新（responsible research and innovation，RRI）以及近年来人工智能、基因编辑等技术的快速发展，使跨学科的专家知识与非专家知识的融合与参与成为新一轮的学术热潮。在赞叹李老师的高瞻远瞩之余，更重要的是要坚持在这一领域的深耕。

然而，没有同学们的激励与陪伴，我确定我几乎无法按时完成学位论文。2010 年的整个冬天，我与苏徵、丁大尉从早晨 8 点到夜里 10 点半固定到老馆学习。所有的困难苦恼全都忘掉了，我只记得晚上或骑车回宿舍的路上，我们经常一起大声地唱歌。王程韡若师若友，在最后交稿的关键时刻一直鼓励我，甚至帮我修正了许多问题。我和翟源静更是无比亲密，她宽厚如山，温润如玉，相互搀扶的博士岁月已然成了香醇的美酒。更重要的是，至今最亲密的学术伙伴大多结识于清华大学，胡明艳与廖苗和我读的文献最相近，因此也是学术讨论的最佳人选；张寒从一个让人惦记的姑娘变成了举重若轻的好老师，我们也分享许多共同的学术兴趣；王彦雨的办公室就在我的对面，工作中的难题经常一推门就能找到人交流。科技与社会研究所的训练与熏陶让我们大多都持有建构主义的科学观，对于科技与社会问题都会用一种积极的实践建构论去解释，相信学术的“述行性”（performativity），尤其在当今的技术变革时期，制度创新经常与技术创新共同完成，这就留给了科技与社会学者巨大的学术空间。

清华园中四年的生活改变了我们的人生轨迹，在这园子里遨游撒欢，谈笑鸿儒，见贤思齐，见世界，见天地。我经常说，越热爱现在的工作，便越感恩在清华大学得到的一切。学术研究给了我更自由的工作方式，以及更好地体验、认识社会与自我的机会。因此，我认为我的问题有了答案。一个合格的老师是让每个学生成为更好的自己！我认为在这一点上，没有人比李老师做得更好。我要传递这份爱与责任，在当代我们究竟应该如何善用科学技术的突破性进展，这是时代对科技与社会研究提出的要求，也是科技与社会学科变得不可取代的重要原因。让我先珍藏好这份对“为人师表”的敬畏，俯下身与学生共同学习，只有这样才能和我的导师一样，成为学生们的人生航标，像科技与社会研究所一样，一直为学子们提供最开阔的学术视野与平台。成长是一辈子的事儿，我会带着清华大学科技与社会研究所教会我的对学术的爱与责任，继续前行。

（本文写于 2018 年 40 周年所庆之际）

1 = 30 = 1

| 郭兴华 |

“1 = 30 = 1”这不是一个纯粹的数学等式，也不是深藏玄机的方程。它是我人生哲理的天平。

我考入科技与社会研究所攻读硕士研究生才短短一年多的时间，却接触到了比我来清华大学之前求知三十年的总和还多的知识、理论、方法，而且这些为学、为人的智慧将使我受益一生，更使我与科技与社会研究所结下了一生的情缘。

我出生在农村，上大学是知识改变命运的唯一选择，能读清华大学一直是我的人生梦想。尽管上本科时未能遂愿，但是我坚信，只要我继续努力，我一定会在研究生阶段实现它。终于，我成功了，经过半年的准备，2007 年，我以 414 分的初试成绩考入了清华大学科技与社会研究所。

从踏上旅程的一刹那到走进清华大学的校园和宿舍，我的心一直处在兴奋状态之中，尽管宿舍条件不尽如人意，但是我实现了千万学子难以实现的梦想——成为清华大学的一名硕士研究生，我将展开理想的风帆在一片新的天空翱翔。

大学本科毕业连续工作了十二年之后，又有幸考入清华大学攻读硕士研究生，无疑是我自强不息的人生旅程的升华版，所以，我非常珍惜这一难得的学习机会。但毕竟本科毕业已经连续工作十二年了，而且糟糕的是，由于工作性质的关系，我在这十二年期间几乎没有正式读过一本涉及科研理论的书籍，对研究方法、理论前沿更是一无所知，在人才济济的清华大学校园，自我感觉就是一个真正的“理论盲”“科研盲”。

关键时刻，迷惘之际，是科技与社会研究所的各位老师给予了我全新的知识、理论和方法，引导我快速走上学术轨道，改变了我在理论和科研上“一穷二白”的窘境。

我的导师张成岗老师初次见面就告诉我：“一定要在学术上做出点东西来。”话虽朴实，但却透出了对学生的严格要求和殷切期望。和张老师朴实、厚道、正直的为人一样，他对我学术上的要求以及指导我进行学习、研究的风格也是一以贯之的严谨、踏实。张老师的宽严相济使我很快融入了清华大学的学术氛围，学业和生活上无微不至的帮助给了我极大的精神力量，给予了我无尽的信心和勇气。张老师经常叮嘱我：“读书一定要读一手文献，不能在期刊网上下载。”学术生涯必须杜绝学术不端行为。还有，学术上让我受益终身的是张老师教导我的学习方法——“坚持每天做 500 字的读书笔记。”每天做 500 字的读书笔记看似简单，但要做到每天都做 500 字的读书笔记也绝非易事，难就难在持之以恒，贵就贵在坚持不懈。现在，我已经养成了每天做读书笔记的好习惯，这对我的学习帮助极大，而且是受益一生的好方法。

我第一年选课时选了吴彤老师讲授的“科学哲学与技术哲学专题研究”课程，主要是研读安德鲁·皮克林主编的《作为实践和文化的科学》，是关于科学知识社会学（Sociology of Scientific Knowledge，SSK）、实践哲学的课程，但我在此之前从未接触过这门知识，对其中的一些观点如“社会建构”“地方性知识”“知识制造”等理解起来非常困难，而且由于和自己此前所受教育的知识体系格格不入，所以学起来很困难。但吴彤老师在 2007 年 11 月 20 日的课堂上讲的几句话使我很快就转换了学习思路，吴老师说：“要先学其观点、优点，不能先排斥其观点，不能没有文化上的宽容，学术上不能太狭隘。”是啊，搞研究怎能缺失学术上的宽容呢！吴彤老师几句非常经典的话语使我茅塞顿开，加之吴彤老师深厚的学术造诣、一丝不苟的严谨治学态度，使我很快就进入了学习的状态，而且课程作业经过吴彤老师的指导后，在核心期刊《自然辩证法研究》上发表。

同样使我领悟学术宽容的还有杨舰老师。由于我对日本人有强烈的民族情绪，所以对日本的货、日本的人都极度排斥。正好在杨舰老师的指导下我参加了“地震灾害中手机的技术与社会功能分析”课题，这个课题偏偏又是清华大学科技与社会研究所和日本电报电话公司（NTT）的合作研究项目[①]。

① 项目名称为“关于移动社会的现状及未来的国际比较研究”。

这时杨舰老师开朗、豁达的一句话——“干吗这么狭隘啊，在学术上要宽容”，犹如醍醐灌顶一般提醒、启发了我，一如他开朗、豁达、宽厚、正直、乐于助人的性格，深深地影响了我。

曾国屏老师主讲的“自然辩证法原著研读”课程同样让我受益无穷。由于理论功底薄弱，而且我一直学的第一外语是俄语，所以对读原著有一定的困难。曾老师在课堂上教导我们“必须要多读些原著”。曾老师倡导的精读原著，主要是以本学科相关的西方经典原著为阅读文本，目的主要是想培养学生认真、严谨和踏实的研究态度。实际上就是“逼”着我们不能贪多图快，而只能在逐字逐句研读原典的过程中，慢慢地去体会西方大师们建构问题、讨论问题的理论与方法。同时，曾老师对学术前沿重大问题的敏锐洞察、独到见解，给了我莫大的震撼和启发。

我由于本科毕业后长期从事管理岗位的工作，对系统科学非常感兴趣。在选课时我选择了肖广岭老师和吴彤老师主讲的“系统科学哲学及社会应用研究”课程。我由于是学文科出身，对课程中涉及的数学公式、数理证明、数学模型、软件应用等知识点理解起来非常吃力，肖老师每次都非常有耐心地反复讲解，多次演练，直到大家都弄懂为止。遇到比较难理解的问题时，肖老师总是凭借自己博学的知识和严谨的思维，找到更好的事例和理解方法帮助我们理解系统论、认识系统论，其渊博的知识和为人师表的风范有口皆碑。吴彤老师主讲的部分是自组织、复杂性、混沌、分形等理论，对刚入学的我而言，简直如“天书”一般难以理解、难以领悟。吴彤老师每每看到大家理解有困难时，总是以极大的耐心和深厚的哲学造诣、渊博的学识、科学合理的教学方法，循循善诱、深入浅出，最后总能化繁为简，使大家都能学有所获。

印象非常深刻的是，在入学之初的学科强化教育课堂上，王巍老师向我们介绍了国内外科学哲学发展现状、本所科学哲学研究现状、科学技术哲学博士点、国内主要期刊、主要国际机构、主要国际刊物、世界哲学系整体排名、科学哲学世界排名等有关内容，尽管对于其他同学来说这些可能只是学科的基本知识和基础信息，但对于像我这样一个从来没有接触过科学哲学的学生来说，简直就是久旱逢甘霖，受益匪浅。

研一那年，由于李正风老师出国做访问学者，没有开专业课，我对没能聆听李老师的教诲深感遗憾，但他深厚的哲学造诣、令人难以望其项背的哲学思维和科学思维、广博而精深的科技政策学识、谦和的高尚品格是我终身学习的榜样！同样拥有广博而精深的科技政策造诣的吴金希老师，严谨治学、建树颇丰的曹南燕老师，倾心于技术哲学和产业哲学深度研究的高亮华老师，思想深刻、睿智豁达、敏而好学的蒋劲松老师都是我辈学术生涯中学习的标杆。虽然没有上过几位老师的课，但其学品、人品都对我有潜移默化的影响。

刘兵老师极其敏锐的学术思维、开朗幽默的风格、学术大师的风范都给我留下了深刻的印象。更让我受益匪浅的是物理学背景的刘兵老师提出的"扬弃工科思维，倡导人文博学"的科研方法。这与著名史学家吕思勉的主张——"治学固贵专精；规模亦须恢廓"[①]有异曲同工之妙。工科思维实际上类似于经济学上的讲究效率和追求投入产出比的理念，比如，证明一个原理或验证一个结论，只需要做一次或几次成功的实验就可以了。这种学习方式追求的是实际结果，他们只学习他们认为必要的东西，非常讲效率。人文博学倡导不论是作为人文社会科学学子，还是从事人文社会科学研究，都应该"读万卷书，行万里路"，博览群书，博而后精，博而后专。在研究过程中，首先要对所研究的问题有一个清醒的认识，然后尽量多地掌握第一手材料，将手头的资料分类整理并以某种秩序联系起来，并对资料进行分析然后得出结论。例如，写一篇文章，即使阅读两三本书就能得出结论，我们也要认真地阅读十本乃至二十本书，大量阅读该领域的文献，大量掌握该领域以及相关领域的背景资料、理论基础、不同观点、方法、评价等，论据才能更充分，视野才能更开阔，研究才能更深入。

考入清华大学之前，我在内蒙古绿色产业发展中心工作过两年，主要工作是传播绿色产业理念，倡导绿色生活，推动绿色生产，助推生态文明建设，这是公益性的社会工作。得知雷毅老师开设"生态哲学"课程，欣喜若狂的感觉油然而生。通过上雷毅老师的生态哲学课程，我对绿色产业、生态文明有了更加清醒而深刻的认识，更重要的是有了理论上的升华，"生态位""盖娅假说""人与动物、植物是平等的主体"等新思想、新知识空前地开阔了我的视野，使我如沐春风。课堂之外，我多次向雷毅老师请教有关我主持的内蒙古绿色产业发展的工作、中国绿色产业网的运用和建设事宜，雷毅老师每次都专业、热心地给我理论上的诠释和现实中的建设性意见。雷毅老师深厚的生态哲学造诣、热心助人的品质、沉稳厚重的性格让我永远心存感激。

刘立老师、曾国屏老师开设的"科学学与科技政策"课程是我期待已久的"热门课"。让我难忘的是刘立老师在每一次上课前都主动给学生发邮件，有时还直接打电话，提醒学生本次课的主题、选题，提醒大家提前阅读相关

① 吕思勉. 吕著史学与史籍. 上海: 华东师范大学出版社, 2000: 70.

文献，课后还经常发邮件叮嘱大家进一步思考。刘立老师对教学、科研的热情、激情、认真、投入极大地鞭策着我们加倍努力地学习。

刚开学时鲍鸥老师还在俄罗斯，她是我入学后最后见到的一位老师。由于我的第一外语一直是俄语，鲍老师也同样具有俄语背景，第一次在"俄罗斯科学技术与社会专题"课堂上见到鲍老师就有一种天然的亲切感。鲍老师在学术和教学上是典型的"巾帼不让须眉"，几次见她带病坚持上课，重感冒导致声音嘶哑几乎接近失声的状态，我们学生都心疼地劝她多休息，可是她却从未因病请假休息，继续坚持教学、科研。鲍老师厚重的学术素养、对教学和科研的认真投入、豁达的人品，让我深深感动。

莘莘学子心，难忘恩师情。

在科技与社会研究所读硕士短短一年多的时间里，我真切地感受到科技与社会研究所是一个魅力四溢而又温暖的大家庭，也受惠于各位老师充满人文关怀的帮助和严谨治学风范的教诲。这些让我受益一生的师恩和力量我将永远铭记在心。

饮其流者怀其源，学有成时念吾师！

虽然我现阶段还没有做到学有所成，但师恩我将永远铭记于心。

（本文写于2008年30周年所庆之际）

“问渠那得清如许，为有源头活水来”

| 陈玲 |

第一次见到科技与社会研究所的老师们是在研究生面试的时候，那时在堆满了书籍的资料室里坐满了面试考官，我就在圆桌的一角，边说边比画着自己想来所里的理由。还记得回答过吴彤老师的“喜欢什么样的课程”，李正风老师的“做过的学生工作会不会耽误学习”，王巍老师的“Have you ever read any book about innovation”这些问题。在那金秋九月，我就这样将自己对一段全新旅程的“冒险企图”坦白地向这些目光睿智却又隐含慈爱的老师们述说着。一转眼，快两年的时间就这样过去了，想起自己懵懵懂懂的当初，心里难免有些好笑但却一点也不后悔，只有心中最真挚的喜爱才能使自己愿意如此坦诚。

所里的氛围简单明快，老师们认真地讲授，学生们端正地学习，没有丝毫的心理负担，因为好好读书就能好好上课，好好上课就能好好写论文，好好写论文就能好好出智慧，好好出智慧又能促使自己好好读书。就好像进入了一个循环圈子，而学生和老师又在这个圈子里面乐此不疲。但是，在这些简单、安静的背后，蕴藏着巨大的能量，老师们深厚的学术底蕴是这些能量的源头，而老师们严谨的治学态度则是支撑着能量不断以更强的姿态推动学术进步的动力。为人与治学，仅是名称之异，其中大有可遵循的共同原则，正如科学和哲学也有可架设的桥梁一样。每个人除了剥离出抽象的概念之外，大有实体的感官感受可供学术消遣而并非想象中的乏善可陈。突然想起了曾国屏所长在给我们上“自然辩证法原著研读”的课程时经常提到的一个例子：“世界上的万事万物真的都会那么相对吗？当然不是，你想想，清华大学的录取分数线不就是一个绝对吗？比如我们说是 400 分，你考了 399 分，谁录取你？没有。这就是一个绝对的线，而我们又需要这个绝对的线来完成我们一些必要的社会选择。因此，我们所说的相对和绝对都是在一定范围、一定情景中发生的，没有完全适用的标准，也没有完全不适用的标准，而这本身就又是一种相对了。"类似这样的例子老师们常说的还有很多，他们极力给我们展现的是一幅可读可看更可想象的关于世界的图景。好多人说过科技哲学或者说科学社会学是一门所谓的"边缘"学科，但是在我看来，正是有了这些能够"站在悬崖边上"的研究领域才使得我们的基本学科研究更为丰满，因为我们不仅仅要解决是什么、怎么做的问题，我们还要解决怎么回头去看待、去理解的问题，知识没有了从知识本身而来的反思途径就好像风筝没有了被抓住的线一样——飞高了，回不来了，才终于知道后悔了。

因此，没有比在所里面的学习更有趣的事情了，还记得刘兵老师在他的科学技术史的第一堂课上说过："你们现在有你们现在的视角，但我敢打包票，你们走的时候会变换了自己的视角，更加懂得问'怎么回事'这个问题了。"是的，现在我就已经在这条路上从慢踱变成了竞走，我相信我今后会一路小跑下去，也定会满心欢喜地变成对自己心中的那道彩虹的大步追逐，夸父的故事算是一个悲剧，但夸父的信仰总是带给人以无限的希望，追逐希望的人生才是快意的人生，这也是在科技与社会研究所的日子里面获得的最单纯却在我看来最深刻的想法。

值此所庆之际，有两句诗最能代表我对科技与社会研究所的感念——"问渠那得清如许，为有源头活水来！"

（本文写于 2008 年 30 周年所庆之际）

第二次“悟”

| 郑青松 |

我是 2001—2004 年在科技与社会研究所读的研究生，由于我本科读的是清华大学环境工程系,所以一开始考虑的是跟着雷毅老师读环境伦理方向，但可能是考虑到我的第一外语是日语，最后由有着日本留学经历的杨舰老师做了我的主导师，雷毅老师做了我的副导师，而两位老师的悉心指导一直陪伴了我在科技与社会研究所的三年学习生涯，让我能顺利完成学业，我非常尊敬和感谢这两位导师。特别是杨老师，不仅在课题研究方面给了我专业的指导，还教会了我很多做人方面的道理，当然很多道理是毕业过了若干年之后才慢慢领会到的。

在科技与社会研究所学习的三年给我的总体印象是既漫长又开心，漫长的是对于一直以来以纯理工的思维看待和分析问题的我来说，科技与社会研究所的专业课的入门本身就是一个非常大的挑战,常常一节课下来云里雾里，感觉时间过得很慢。开心的是结识了同宿舍的几个哥们儿，一起上课，一起踢球，一起喝啤酒，好不快乐！

但这段时间对于我来说还有一个更重要的意义，那就是在研究生进入第三年的时候我得到了一次“悟”，这里我所指的“悟”没有明确定义，就是如果在某个时间点我突然对一些事情有了突破性的领悟，而这个领悟实际上深刻地改变了我之后的人生，我就称它为一次“悟”。

我今年满四十岁，仔细想想到目前为止的人生中能算得上“悟”的经历也只有三次，第一次是在初二的时候，有一天我毫无征兆地突然明白了应该如何学习了，当“悟”来临的那一刻我开始坚信今后我能把学习这件事情做好；第三次是大概前两年，我在自己设立和运营一家专利代理公司六年之后突然明白了企业应该如何组织化管理，而那之前的思维模式一直停留在个人小作坊主的模式，而这一次“悟”之后我对自己能运营好一家像样的公司有了深信不疑的自信。

第二次“悟”就是在科技与社会研究所学习的第三个年头来临的时候，那次的“悟”让我的思考和分析事情的能力有了革命性的提高，简单说我感觉自己突然变得聪明多了，开始能够对事情进行多方位深入的思考和分析，并开始有了对任何事情都进行反思的习惯。与另外两次领悟（一次是仅关于学习方法的领悟，另一次是仅关于公司经营方法的领悟）不同，第二次“悟”是对思考方式和思考能力本身的领悟，所以说，我认为在科技与社会研究所学习期间我获得了到目前为止人生中最重要的一次“悟”。

后来我时常问自己，为什么偏偏在科技与社会研究所学习期间得到了如此重要的一次领悟呢？是年龄到了一定程度后很自然就发生了的事情吗？这样简单的解释显然连自己都说服不了。

要回答这个问题，需要从我进科技与社会研究所之前一直秉承的“数学思维模式”说起。我从小喜欢数学，从小学到中学一直也是学校奥数队的一员，而数学对我更深的影响是它成了我看待和判断事情的一个哲学和标准，而随着我对数学知识的了解增多，这个哲学和标准也会有所变化。

记得小时候学数学，最让人着迷的地方是它总有一个确定的、唯一的答案，就好像两条直线不平行就肯定相交，而且只能相交于一个点，那个点就是确定的、唯一的答案，而寻找这个答案就和好像是在玩猜谜语游戏一样有趣。所以当时我认为我人生所有的目的跟这个数学题一样，就是尽快找到人生那个唯一正确的最佳模式，然后以这个最佳模式生活下去。

后来学了二次方程，而二次方程的曲线和直线相交的点就有两个，如果这个方程式的幂越高，相交的点可能更多，这种情况下的正确答案就不止一个了，可能是两个甚至超过两个。了解到这些，我的人生哲学也随之发生了一些变化，那就是从本来要找到唯一答案变为在有能力的情况下尽量找到多个正确答案，然后选择其中最适合的一个答案来作为我的生活模式。这就好像，本科读完后，出国深造或者继续读研都是正确的答案，但出去工作就不是正确答案，而在两个正确答案中你可以根据情况选择其中之一。

但是到后来学习更高级的数学问题时我发现有时“无解”竟然也可以是一个正确答案，即如果问一个曲线和直线在哪里相交，计算结果是不相交，那么正确答案就是“无解”。对于“无解”的正确答案，我一时找不到能指导我人生哲学的启示。无解不就是生活没有答案，一切没有意义吗？我应该如何寻找我的生活模式？我们很多人可能都有过这样的时期，就是不管怎么想，都找不到能解决目前生活困境的方法，不知道如何努力，最后可能选择消极地等待，等待着有些外部因素会带来改变。

还好，后来我发现还有另一种类型的数学题，及时解决了我的困扰，那就是在两个曲线不能相交的情况下寻找两个曲线当中距离最短的两个点，其中一个曲线上的相应的点就是这个问题的正确答案。这就好像，即使在人生过程中有时事情本身看起来无论如何也无法解决，即没有正解，但是我们可以往最有可能解决问题的方向去努力，这本身是有意义的，说不定在寻找的过程中外部因素等情况可能会发生变化，到时候就能找到解决的方法。这比消极等待要好太多了。比如，情侣感情破裂无论如何也很难挽回，但这个时候与其发呆不做任何努力，还不如努力寻找最有可能挽回的那个点，然后去尝试。

我一直认为这样的“数学思维模式”毫无问题，因为遵循数学的规律就是遵循科学的规律，而科学史是至高无上的，我们从小就知道科学发展能实现四个现代化，能改变人类命运。我对科学本身从来没有怀疑过，直到在大学本科期间与同宿舍的同学进行了一段交谈之后，才开始进行了一些思考。

那天交谈中我的观点是“人类要不断进步，所以人类活动是否有意义和意义有多大的衡量标准应该是这个活动在多大程度上有助于科技发展，因为科技发展能解决所有人类在发展过程中的问题，还能带领人类进步”。而那位同学的观点却是“为什么一定要发展科技？科技发展了会破坏环境，污染空气，即使科技停止了发展，人类照样能过得很好，那些科技发展带来的新的科技产品并不一定能让人们过得更幸福”。当时我听到他的观点非常吃惊，在我的观念里从来没有怀疑过科学技术的发展本身，它是至高无上的存在，我们只能听从于它，遵从于它，任何人对它本身进行质疑就是对它的不可饶恕的冒犯，后来想想，当时在我的观念里科学技术本身就好像是至高无上的神一样的存在。

但万万没想到的是，我研究生期间学习的科技与社会研究所就是专门以科学技术作为研究对象的。可能是因为在科技与社会研究所学习期间给了我太多能思考的机会，而这个思考的不断练习让我从固执的“数学思维模式”中慢慢进行反思，打开了我的思路，这可能就是这段时间带给我第二次“悟”的最重要的原因。在这段时间里有很多让我深度思考的事情，记得比较清楚的有下面几件。

第一件事情是有一次我去杨舰老师家，遇见了师母，我记得她是在外国留过学的工学博士。当时我不太清楚硕士研究生应该怎样看待“研究”，因为在那之前的学习都是关注学习书本上的已经研究定型的确定的知识，而现在让我“研究”出新的东西，真是让我一筹莫展，一时找不到方向。师母对我的疑惑解释说：“研究其实就是自圆其说。”意思就是说研究并不总是我们设想的那样寻找那个唯一正确的答案的过程。有时是自己先设定一个假设的正确答案，然后用各种理论、实验、分析等方法证明该结论是正确的，这就算是一个好的研究。听到一位工科博士亲自这样讲，说服力是很强的。这让我重新审视了“什么是研究”这件事情，即从这个意义上说研究并不像之前想象的那么难，只要设定一个合理的、有意义的假设作为拟定结论，然后采用合理的研究方法最后证明这个结论的正确，这就是一个不错的研究了。后来我进入专利律师行业之后发现，其实律师的辩护工作也有类似之处，比如，在一个官司上，有能力的律师为原告辩护，他知道对原告有利的两个证据，但同时也知道对被告有利的三个证据，当然因为他是原告的辩护方，所以只会提前者，避而不谈后者，而能力差的律师为被告辩护，但他只知道对被告有利的一个证据，在这种情况下，有能力的律师不管是为哪一方辩护都是可以胜诉的，即他为哪一方辩护，就可以为那一方“自圆其说”，说服法官。

第二件事情是有次我在科技与社会研究所电脑房里上网，有位比我年纪大的师兄突然叫我“郑老师，郑老师”，他是对电脑里的程序不太了解要我帮忙的，这个问题不大，我很快就帮他解决了，然后就跟他说：“其实您不用叫我老师，您比我大，而且论专业课的知识肯定比我丰富得多，不管从年龄上、学历上还是专业知识方面来说，要叫也应该是我叫您老师才对。”但他说：“什么是老师？只要在某个方面比我知道的多，他教了我，那就是老师。”这个事情让我对“老师”这个概念有了重新的认识。那之前我习惯以自己擅长的方面跟别人比，但那之后我觉得只要对方在某些方面知识比我多，而我想学，对方也愿意教，他就是我的“老师”。所以我突然发现我身边多了无数个老师，这让我变得更加谦虚，也愿意时时刻刻跟身边的老师们学习了。再后来我找到了一个特殊的老师，那就是我自己，我可以从我擅长的方面学到知识，用于正在学的方面。比如，我去日本工作的时候日语还说得不好，经过很长时间的努力还是没有太大进步，我也找了很多老师甚至是日本广播电台的播音员学习都不行，后来我思考了一下我擅长的数学是如何学好的，当时我发现学好数学的根本原因是我一开始就喜欢它，喜欢上了就不觉得学习痛苦了，它反而是快乐的，但反观我对日语的情绪，可能一开始有一种抵触，所以没学好。发现了这一点，我告诉自己“日本有很多优秀的地方，我需要学习，而日本传统上是引进和翻译西方最新知识最快的国家，所以我只要学好日语，那么通过日语这个窗口，可以让我的世界变得更大”。这样说服自己之后，就从根本上消除了原来隐藏的自己不太想承认的抵触心理，学习进步就大多了。

第三件事情是有次参加了所内的一个讨论会，对讨论话题我心里自以为已经做了仔细的分析和判断，但碍于对自己表达能力的不自信，一直没有发言，但心里面认为我的分析过程和结论都是完美、无懈可击的。终于我还是发言了，但在讲的过程中我发现其中有很多分析的环节其实是不严谨的，没能说清楚，甚至可以说是漏洞百出的。这次讨论会后我突然明白了，其实把自己头脑里的思考用语言讲出来是非常有意义的一件事情，一方面在用语言表达思考的过程中可以把很多细节放大，从而能发现很多原来可能忽略了的细小的问题，而且还可以让其他人听完之后从我没想到过的不同的角度对这个问题进行多视角评论，从而让我对这个问题的理解和分析变得更为深刻。更重要的是，我发现讨论会上还有一个特殊的听众必须听到我的发言，那就是我自己。思考的我和发言的我虽然都算是我自己，而且谈的也是同一个问题，似乎思路和结论都是一样的，但是实际上思考和发言是两种活动，两者表现出来的结果是不尽相同的。所以为了更好地了解自己，有时需要将两者分开，让他们相互对话。从此之后，我对自己本身开始感兴趣，甚至把自己作为研究对象进行分析，比如，早上到公司后莫名其妙地不开心，也找不到什么理由，仔细分析自己发现其实早上起来到公司遇到了几件非常小的不开心的事情，这些事情叠加起来让我有了不开心的结果，而之前我不认为自己会受这些小的不开心的事情的影响。这件事情让我更加了解了自己，而那次分析清楚后我了解到其实没有什么是大不了的事情，所以自然就消除了不开心的心情。

总之，我认为可能是在科技与社会研究所学习期间有很多事情让我进行了重新思考，而这些思考的积累带来了质的变化，才会有了我的第二次的“悟”。

接下来，我很好奇下一次的“悟”何时能到来，是关于什么的“悟”，但我并不太急于它的到来，因为我清楚“悟”不是足够努力了就肯定能得到的，我更认为它是上天给个人的恩赐。我甚至不清楚接下来的人生中还能不能得到哪怕一次这样的“悟”，也不清楚今后或许能得到的“悟”是否能比之前的三次更为深刻，但我会永远记得我在科技与社会研究所学习期间获得的一次对我的人生至关重要的或者很可能是最重要的一次领“悟”。

（本文写于2018年40周年所庆之际）

一 起 走 过

我与清华大学 STS 研究所

| 鲍鸥 |

1978 年清华大学成立科技与社会研究所（简称“STS 研究所”）。当时的我沐浴在科学的春天中，备战刚刚恢复的高考，曾经梦想考北京大学俄语系或者是医学院，但从未设想过此生会与清华大学有交集。命运如此难以揣测，我在画出 40 年人生“圆弧”之后，居然能讲述“我与清华大学 STS 研究所”的故事。

一、不知深浅，闯进 STS 研究所（2002 年 6 月至 2004 年 6 月）

1992 年我正式离开北京师范大学哲学系自然辩证法教研室，自费到俄罗斯科学院哲学所读博，之后在俄罗斯科学院瓦维洛夫自然科学与技术史研究所（简称“俄罗斯科学院科技史所”）工作。2002 年 6 月 5 日，我回到祖国，以博士后身份第一次走进位于清华大学文南楼 3 层的人文社会科学学院 STS 研究所，向博士后合作导师曾国屏教授报到。怀揣着对新工作的畅想及激情，冒着 37℃的高温，我跌跌撞撞徒步穿行于陌生、硕大的清华园，办完了所有进站手续。第二天高烧至 39℃。首次领略到了清华大学，或者具体说是 STS 研究所给我的“下马威”，似乎预示着我后续在清华大学注定要面临巨大的人生挑战。

我的博士后人事关系比较微妙：由于当时人文社会科学学院没有博士后

流动站，我的博士后人事关系落在公共管理学院。但因为我的博士后合作导师曾国屏是人文社会科学学院教授，所以我在人文社会科学学院 STS 研究所工作。因此，我成为清华大学人文社会科学学院首位外院流动站的博士后，也是 STS 研究所的第一位博士后。人文社会科学学院因为有我而具备了建立哲学博士后科研流动站的资格。这就是人文社会科学学院的博士后工作从哲学博士后科研流动站兴起，以及我从 2002 年至 2011 年一直辅助 STS 研究所领导负责博士后科研流动站工作的直接原因。

2002—2004 年的博士后生涯在拼搏中转瞬即逝。我埋头苦干完成了 10 篇中俄文期刊论文和 6 篇文集论文。作为项目负责人，我承担了中俄总理定期会晤委员会科技合作分委会国际科技合作项目——“中俄近 20 年科技改革对比研究”（这是该委员会成立至今批准的唯一一个软科学项目）。我协助 STS 研究所、人文社会科学学院与俄罗斯科学院科技史所、俄罗斯科学院远东研究所、俄罗斯国立人文大学等单位签订了长期合作协议书；组织安排了 2 次清华大学代表团访俄活动，接待了 10 人次俄罗斯学者访问本校，其间承担翻译工作。回顾这两年的“战绩”我感慨万分，自己虽然没有被重负压倒，并且重新融入了国内学术共同体，却付出了巨大代价：无暇照顾儿子的学习生活，极大挫伤了孩子的上进心。这是我至今无法释怀的痛！

二、无问西东，在 STS 研究所开启科教新征程（2004 年 7 月至 2018 年 4 月）

历经两年博士后工作的“锤炼”，我给自己树立了在 STS 研究所奋斗终生的新目标。但是命运与我开了个玩笑：2004 年 6 月，当我陪同清华大学代表团访问俄罗斯时，传来了我被“刷出”人事处留校博士后名单的消息。原因很简单：年龄偏大。访俄代表团团长、人文社会科学学院院长胡显章教授立即决定提前回国。胡老师与曾国屏老师分别向校领导申诉把我留校的理由：鲍鸥为我国目前在中俄科技哲学、科技史及科技政策研究方面的稀缺性复合型人才，在中俄科技文化交流方面具有丰富经验，有望对清华大学开展对俄科技合作起到重要“桥梁”作用……在我已经失去留校希望的时候，主管人事副校长何建坤教授与我面谈了一个多小时，最终，我通过面试了！2004 年 7 月我以清华大学在岗讲师的身份再次走进人文社会科学学院 STS 研究所。同年 12 月被晋升为副教授。因为自己在抱定回国服务决心时已经做好了克服困难的心理和物质准备，所以我陶醉于从 STS 研究所平台上“展翅高飞”的幸福。

1. 教学工作

2004—2005 年在 STS 研究所承担的教学任务有：研究生必修课“自然辩证法”（文科类）；新闻与传播学院、人文社会科学学院本科生的“科学技术史”课程。雷毅、刘兵和杨舰老师是我的“师傅”。由于我出身自然辩证法专业，所以，这门课讲一遍就过了关。然而，在科技史教学工作中却遭遇了“滑铁卢”，首次参与教学评估竟“荣获”10 个“哭脸”！直接把刘兵和杨舰老师的战绩拉黑。我整夜整夜睡不着觉，拼命补课，丰富教学内容，调整教学方式。第二年打了翻身仗。2007 年、2008 年教学评估成绩出现了“笑脸”。

从 2004 年秋季学期至 2017 年春季学期，我一共开设了 7 门本科生课程和 13 门研究生学位课。其中，如下课程颇具特色。

1）独创本科生课程“俄罗斯科学技术与社会”

我从 2005 年起为本科生开设了“俄罗斯科学技术与社会”课程，以俄罗斯科技史为发展脉络，结合俄罗斯国情、哲学、政治等方面案例阐释 STS 理论，目的在于提高学生的综合、批判性思维能力。采取面授与讨论、问题导引与理论分析、课内学习与课外体验相结合，最终以课程论文检验成果的方式。先后邀请 18 位俄罗斯学者与学生进行面对面交流。该课于 2011 年入选全校本科生文化素质核心课，至今已讲授 15 次，受到学生欢迎。每次限选 30—35 人，总共选课的 528 名学生遍布全校所有院系。教学科研论文《创新型人才培养与“现代俄罗斯科学技术与社会”的课程建设》获 2009 年清华大学高等教育学会颁发的优秀论文二等奖。

2）为本科生开设“工程哲学”

工程哲学 20 世纪末诞生于我国。我参与国内研究团队，结合前沿研究成果，为本科生开出“工程哲学”课。课程强调工程作为研究对象的特殊理论意义和实践价值，培养工程思维，研讨工程与社会问题。该课有关“工程思维”的内容被纳入全校文化素质核心课程“工程系统基础”教学框架，成为清华大学新工科通识课程体系建设的重要组成部分。目前正组织编写《工程哲学教程》（本科生用）教材，准备向全国推广。

3）面向本科生、研究生开设“科技史”课程

2006 年由刘兵、杨舰教授创建的“科技史系列讲座”课程被纳入本科生

文化素质核心课程。我从后台“学徒”走到前台参与主持工作，与刘兵、杨舰、刘钝、蒋劲松、冯立昇、游战洪、雷毅、戴吾三等老师集体上课，始终保持良好的授课效果。参与编写的教材《科学技术史二十一讲》获 2008 年清华大学优秀教材一等奖（参编第十七讲），教材《新编科学技术史教程》（合作主编）作为“十一五”国家级规划教材在全国高校推广使用。与杨舰、刘兵老师合开的“科技史通史导论”、“中国近现代科技史”和“科技史专题研究”，成为 STS 研究所研究生的专业课。

4）坚守自然辩证法教学“阵地”，倾力辅导博士研究生课程论文

对待 STS 研究所“看家课程”之一——研究生必修的马克思主义理论课“自然辩证法”，我牢记曾国屏老师的叮嘱：“不要用嘴讲，而要用心讲！”精心备课，研究教学方法，力争做到把自然辩证法理论与中国改革开放、科技发展的实践相结合，收效显著。对待 STS 研究所“看家课程”之二——博士生必修课“现代科技革命与马克思主义”，我负责指导过工物系、航院、计算机系、理学院、软件学院、纳米研究院、教育研究院等不同院系不同专业的博士研究生。从选题到成文定稿全过程我尽力帮助每一位博士研究生，力争提升他们的哲学素养及论证水平，确保他们在清华大学圆满结束最后一个教育环节的训练。许多博士研究生感慨这最后“一跳”，在思维方式及世界观上茅塞顿开。所以，当取消博士研究生课程论文指导环节后，我虽然大大减轻了工作量，但对放弃这种优良教学传统的做法存疑。

除了每学期超额完成规定的教学工作量，我还做了其他方面的教学工作。

1）人才培养

共培养 13 位硕士研究生（其中 4 位与深圳研究生院联合培养），已毕业 10 位，其中 8 位任职于高校、政府机关、企业，2 位继续读博。出站博士后 5 名，2 位晋升教授/研究员、3 位副教授。虽然自己的学术水平、专业知识储备、财力和智慧有限，但是我仍然为他们请国外专家授课，出资出力帮助他们参加国际国内学术活动，组织出国、出校学习，争取获奖。我坚持尊重学生兴趣、发挥学生特长的选题原则，与学生共同学习、研讨，一起成长。

2）组织、参与学生活动

围绕“苏联专家与清华大学”主题，主持 4 项大学生研究训练计划（Student Research Training，SRT）项目，率领 34 名各院系学生查找清华大学有关苏联专家的档案，对清华大学原党委书记何东昌教授、中国工程院院士倪维斗、清华大学物理系复系后首任系主任张礼教授、时任苏联专家翻译的陈

泽民等老师进行了口述式访谈，指导学生尝试撰写学术论文；为航院和工物系的工程硕士班讲授“自然辩证法”课程，与在职学员建立了深厚的友谊；两次应邀参加无线电系主题团日活动并做了报告；指导工业工程系“北卡项目”（2015 年）、校团委“思源骨干计划”（2017 年）、校团委“林枫计划”（2017 年第五期）等。这些本职工作以外的活动虽然占用了我大量的业余时间，但丰富了我的阅历，同时促进了校内的教学工作。

3）继续教育

为中核集团江苏核电有限公司量身定制培训计划并举办七期“安全文化”培训班，共 308 学时，培训 223 名中层干部、一线优秀员工，培训人数占该公司员工总数的 14.6%。获 2013 年度清华大学教育培训先进个人二等奖、2014 年度优秀项目二等奖。

教学是教师的本职工作。我热爱学生，热爱教学工作，把这份爱贯穿于每节课，落实在对每位学生的每次指导中。我为学生们的点滴进步而骄傲、自豪，从学生那里获得鼓励与鞭策，也为自己的疏漏不足而自责。享受知行合一、教学相长的幸福与快乐。要讲的故事很多！

2. 科研工作

驰骋科研疆场是支撑我作为清华大学教师的另一支柱。

我从 2004 年 7 月正式进入 STS 研究所以来共发表学术论文 80 余篇，出版专著 3 部、审译著作 2 部。独立主持研究 1 项国家社科基金学术外译项目，1 项中俄总理定期会晤委员会科技合作分委会国际科技合作项目，4 项科技部纵向课题。主持并参与多项子课题研究。在科技哲学、科技史及科技社会学领域承接中俄学术“香火”，促进中俄学术合作。2012 年被俄罗斯科学院科技史所授予“科技史贡献”奖章和证书。

我在以下几方面取得了一些学术进展。

1）工程哲学、工程文化、安全文化研究

承担工程哲学前沿领域的工程文化、工程投资者、安全方法论等研究主题的工作。把工程文化划分为意识、知识、规则、行为四个层面内容，解析其对工程具有无形渗透的软实力指导功能。提出主体性方法论原则，并依据该原则重新解读了大庆文化、安全文化并分析了工程投资者。结合工程文化和切尔诺贝利灾难史研究，提出了安全文化的基本观点、安全方法论，并将其应用于对核电企业职工的培训实践。以中俄文发表的 11 篇期刊论文，引起了中俄学者的关注。

2）凯德洛夫思想史研究

苏联哲学家、科学史学家凯德洛夫（Б. М. Кедров）以参与编译第一版俄文恩格斯著作《自然辩证法》为学术起点，以辩证思维为指导，开创了苏联自然科学的哲学问题与科学学领域研究；运用动态复现方法揭示了门捷列夫发现史；创立了独特的辩证法和方法论理论体系。在中苏关系错综复杂的时代背景下，凯德洛夫学术思想从正反两方面影响了中国自然辩证法理论的发展。我集近 20 年的研究成果撰写的俄文专著《凯德洛夫学说与中国自然辩证法事业的发展（1960—2010）》（国家社科基金学术外译项目成果）已通过国家社科规划领导小组鉴定，将于 2018 年底在俄罗斯出版。

3）传播中国科技哲学史

2014 年经俄罗斯科学院科技史所学术委员会审查批准，出版了我的俄文学术专著《科技哲学在中国：历史与现状》（获第二届中国自然辩证法研究会学术奖二等奖）。该书从时间、来源、功能和影响等各方面阐释了中国的科技哲学与自然辩证法研究的差异性及关联度；运用口述史方法、滤镜效应等编史学工具提出了“中国的科技哲学史起点应追溯到 20 世纪初由严复掀起的中国学者‘翻译运动’”的观点；西方科技哲学直接或间接引发了中国三次科学启蒙运动；揭示了于光远创建中国自然辩证法学派的三个理论来源、三次机缘和三大贡献。“为俄罗斯学者认识、研究中国当代社会及科技哲学问题奠定了理论基础和现实素材，提供了丰富的文献资料。”

4）中俄科技政策研究

完成了中俄总理定期会晤委员会科技合作分委会第七届例会议定协议书项目“中俄近二十年科技体制改革对比研究”（№7-4），主持召开“中俄科技改革：理论与实践”国际论坛，主编出版了《中俄科技改革回顾与前瞻》并合作编写出版了俄文本《俄中科技改革：总结与前瞻》。主持科学技术部委托项目“中俄创新对话机制的顶层设计”，该对话机制于 2016 年 6 月正式启动。主持了科学技术部国家基地平台建设及年报研究，是国家国际科技合作基地 2014—2017 年年报的主要撰稿人。

5）中俄（苏）科技史、科技交流史研究

承担中国科学院“十二五”重点项目“科技革命与国家现代化”的子课题“科技革命与俄罗斯现代化”研究，书稿已交付出版社。作为版权人之一，审译了《苏联技术向中国的转移：1949—1966》和《中国航天工程的发展》。提出“科技交流史媒介说”，并应用于“中国东方铁路史的技术迁移与文化变迁”“苏联专家在清华”“中国早期计算机俄文翻译史”等研究工作中。

3. 外事活动

从2004年起共邀请21位俄罗斯学者来校讲学，进行合作研究，邀请俄罗斯英雄、俄罗斯科学院通讯院士巴图林执教清华大学百年校庆讲坛，组织16人次俄罗斯学者到校进行短期讲学，承担课程翻译工作。

组织7次清华大学代表团访问俄罗斯的12所院校和俄罗斯科学院的5个研究所，协助签署4份中俄科技合作协议书。

作为中国自然辩证法研究会国际交流工作委员会副主任（2010年起）及中俄友好、和平与发展委员会教育理事会理事（2016年起），为促进中俄双方科技、教育交流做了力所能及的工作。

我在STS研究所的教学科研工作取得了一些回报。2014年获得了博士研究生导师及独立博士后合作导师资格，先后获得“2013年度清华大学社会科学学院先进个人”“2016年度清华大学先进个人”的表彰。

2015年本来准备6月份按照国家规定退休，离开STS研究所。没曾想自3月1日起学校执行国家新政策，把我的退休时间推迟了5年。这意味着我至少还能在STS研究所贡献5年的力量。于是，也更加珍惜与STS研究所的缘份。

入STS研究所16年，有成就，也有遗憾。

感谢缔造STS研究所的老教师们！你们树立了STS人的形象。

感谢STS研究所名誉所长胡显章教授！是您的理解与支持，才使我与STS研究所有了后续14年的缘分。

感谢曾国屏教授！有您的督促与严格要求，我才能不懈努力。

感谢吴彤教授！您竭尽全力帮助我一步步站稳、前行。

感谢我的“师傅”：刘兵、杨舰、雷毅和刘钝老师！你们扶我上马，跨过了无数教学障碍和陷阱。

感谢李正风老师在科研道路上对我的引领！

感谢STS研究所过去及现在的其他同人（按照年龄顺序排列）：曹南燕、肖广岭、刘立、蒋劲松、高亮华、吴金希、王巍、张成岗、洪伟、王程韡老师！你们的厚待给予我温暖和力量。

感谢STS研究所的学生及博士后老师们！

感谢曾在 STS 研究所办公室工作的各位老师！特别感谢为 STS 研究所奉献 20 余年的陈宜瑾老师！

STS 研究所使我们牵手为一家人。

感谢 STS 研究所！没有你，就没有我在清华大学工作的一张长桌！

（本文写于 2018 年 40 周年所庆之际）

十年，与科技与社会研究所一起走过

| 洪伟 |

自 2008 年 4 月来科技与社会研究所工作，一晃已经十年了。谨以此文，献给 40 周年所庆，并纪念曾担任所长多年的曾国屏老师。第一次知道科技与社会研究所，是我 2004 年回国做科学家访谈的时候，华中科技大学的钟书华老师提到吴彤老师的博士研究生和我做的题目类似，从此知道了清华大学有这样一个单位。在后来联系清华大学工科教授进行访谈的过程中，也对清华大学老师的风范留下了很好的印象，其中有一位柳百成院士，后来得知是我所老教授曾晓萱老师的爱人。现在想来，这些相遇还是挺奇妙的，不过当时并没有放在心上。

等到我 2007 年博士研究生毕业，投简历的时候想到了科技与社会研究所。对海外的博士研究生来说，清华大学和北京大学的地位还是很崇高的。像我这样既非本校毕业又不认识科技与社会研究所任何一位老师的新人，自认为没什么机会，也就是海投一下碰碰运气。至于北京大学，本来也是想同时投的，无奈连个联系的邮箱都找不到，只能放弃。按照当时的主流做法，简历投给了所长曾国屏老师，没想到仅仅一个小时之后就收到了他的回复，他表示对我很感兴趣，并说要第二天征求班子的意见。回复来得如此之快而又充满了肯定，这让我大感意外，不由对曾老师生出许多好奇。第二天商量之后的答复也如期而至，应曾老师要求，我们通过 Google Talk 开始了更紧密的沟通。没想到一个单位的领导如此没有架子，而且各种技术使用一点都不比年轻人落后。对比另一所兄弟院校的领导，收到简历后让我把英文发表的文章全文翻译给他看。我深深感到，不同学校之间的风格相差太大了，要回就得回能认可我价值的地方。

不过，没高兴多久，曾老师就提出，我需要先做博士后。这个要求让我产生了疑虑，回国做博士后又要耗费两年宝贵的光阴，而且也看不出有多大的必要。人在国外，对国内的情况不太熟悉，网络上也有很多负面的描述，所以就拒绝了这个要求，回清华大学的事也就不再考虑了。大约过了一个月，沉寂已久的曾老师又开始和我通过 Google Talk 聊天，天天给我宣讲国内大好形势，还有做博士后对我的种种好处。最后，他说有人给他出了个“馊主意”，让我先以博士后的身份进清华大学，然后慢慢办理入职手续，办好了就退站。他还发挥了典型的曾氏幽默：“万一你来了天天和人吵架，那也没法留啊。你先来看看，你要对我们不满意，也可以随时走啊。”我觉得这个方案对双方都算公平，于是在 2008 年 3 月底，带着 9 个月大的女儿登上了回国的飞机。

刚到清华大学住的是紫荆公寓的留学生楼，是一个两居室的套间，供我和来帮我带孩子的公公婆婆居住。还记得第一晚恰逢 4 月 1 日清华大学停暖，加上倒时差，冷得一晚上没睡着。第二天终于见到了神聊已久的曾老师，一头花白的头发根根竖立，还是很有领导的威严的。曾老师面聊的节奏很跳跃，有时候我并不明白他的意思。还好，我们没有“见光死”。我在办公室填了一天的表，大致办完了博士后入站的文书工作，两个星期后入住了青年公寓。这个入站速度，估计是很罕见的；连我在紫荆公寓的住宿费，也由曾老师垫付。现在，当我已经了解了清华进人的流程和博士后入站手续的繁复后，我理解了曾老师当年的困难，也更加感谢他为我做的一切。他真的是花费了大量的时间和心血来经营这个所。后来我曾问过他，我简历上所列的发表物都还未正式出版，他为什么那么相信我，难道不担心我作假吗？他得意地笑道：“哈哈，如果作假把你开了就完了。清华引进一个人很难，要开掉一个人很容易。”这当然只是玩笑，如果没有他表现出来的绝对信任和高度重视，我这个陌生人是不可能来到科技与社会研究所的。

留校的过程也有一点波折。因为学校不同意我中途退站，我必须做满两年博士后才能留校。好在，前期已经积累起来的信任使得我能够坚持到留校。等到我留校时曾老师已经去深圳研究生院了，所里的风格发生了很大的变化。如果说曾老师是“金刚怒目”，其余的老师则都是“菩萨低眉”。和“金刚”相处是要经常挨骂的，曾老师就是在嬉笑怒骂之中完成了对一代代青年门生的规训的。在曾氏风格的对比下，其余老师都是待人极为宽厚的，相处起来如沐春风。人际关系和睦，没有内耗，这也是我喜欢科技与社会研究所的一个重要理由。

引进我来所的一个重要理由是教授“科学社会学”的曹南燕老师要退休，

需要寻找接班人。因为我在科技社会研究领域的旗舰期刊《科学的社会研究》（*Social Studies of Science*）上有文章发表，所里认为我接任这个岗位是再合适不过了。他们不知道的是，我博士期间接受的训练其实是组织社会学，对科学社会学的文献只在修改文章的时候才有少量涉猎。这意味着我得一切从头学起，而且是自学。在博士后的后期，曾老师不再让我参加他那些课题，让我专心备课，我这才有时间系统阅读文献，开出了“科学社会学：理论与方法”和“科技的社会研究”两门课。最近我的硕士研究生贺久恒拿到了康奈尔大学科技与社会研究系的博士录取通知，他去康奈尔大学访问的时候，获林奇（Michael Lynch）赠书一套，里面都是科技与社会研究领域的经典文献。对照那套书一看，我发现课上给大家梳理的脉络还是靠谱的，总算没有辜负老师和同学们的信任。

还记得来所后不久，曾老师说大家对我的印象是缺乏点“雄性激素”，他们对我的期望是成为这个领域的领军人物。我有点吃惊，我大致能理解所谓的“雄性激素”是能够高谈阔论、咄咄逼人，从而建构出一个有领导力的权威形象。这完全不是我的风格，这样下去大概是要辜负大家的期望了。当时有学生给我取的绰号是“学术超女”，我挺喜欢这个定位的，事实上也只擅长这个。但是随着学科建制化的推进，我也不得不承担许多组织工作，先后推动了我所社会学学位的授予、中国社会学学会科学社会学专业分委员会的筹备和成立，组织了第12届东亚STS网络会议，在国际4S（Society for the Social Studies of Science）会议上组织分论坛，等等。不知不觉中，我已经完成了许多“领军人物”需要承担的工作，如果曾老师还在世，不知是否会对此感到欣慰。

在建所40周年之际，我们又面临着发展的瓶颈和未来走向的困惑。鉴于科技与社会研究学科的跨学科特质，这样的问题是始终存在、无法回避的。过去的一任又一任的所领导也都是在这样的压力下把科技与社会研究所维系下来并发展壮大的。纵观各个国家著名的科技与社会研究机构的发展，背后都有一些关键的灵魂人物在推动和支撑着。这里的动力，源于科技与社会研究自身的魅力。来所十年，我从一个科技与社会研究的外行，成长为一个忠实的拥趸，正是因为那些科技与社会研究经典熠熠生辉、发人深省。新兴学科的发展早期，需要有学术团体的坚定支持，愿我所能继续守护科技与社会研究事业在中国的发展，万古长青！

（本文写于2018年40周年所庆之际）

杂忆研究所二三事

| 章梅芳 |

我是刘兵老师的博士研究生，2003 年 9 月入学。之前，只因参加入学考试来过清华大学，对科技与社会研究所（简称“研究所”）的了解并不多。随后的三年，我在这里度过了美好的时光，之后便无法忘记这段岁月。我们记住一个地方，常常是因为记住了这个地方的人，记住了这个地方特有的氛围。

2003 年的三四月间，我来到清华园，因为附近的宾馆均已爆满，不得不租住在西南门附近的一个小旅馆。所幸，虽然是地下旅馆，但在校园里面，四人间的宿舍晚上很安静，几个女生都是来参加考试的。笔试在四教进行，过程很顺利，感觉答得不错。面试是在笔试结束后的第二天，一早先去校医院体检，然后直接赶去文南楼。那时候，研究所还在文南楼，楼梯很高，一口气爬上去，手里还拿着早餐。一进屋，发现里面已坐满了人。王巍老师走出来说，请大家抓阄排序。结果，我抓到了第一个。于是，我把早餐收起来，还没顾上紧张就被叫到会议室面试。那是第一次见到研究所的各位老师。印象最深的是，曾国屏老师问我有没有兄弟姐妹，有没有男朋友，计算机水平怎么样。这些问题虽在我的意料之外，但当时也都很老实地一一作答。在学期间，常有同学觉得曾老师脾气怪，有些怕他，我倒感觉他像是个老顽童，和蔼可亲，没有怕过他，跟他说话也不胆怯。

博士研究生学习的第一年，我们的主要任务是上课。印象最深的有“自然辩证法原著研读”和学术研讨类系列课程，此外还有定期开展的科技哲学、科技史、科学社会学与科技政策方向的学术沙龙。这些课程奠定了我们的专业基础，也拓宽了我们的学术视野。在科学编史学课堂上，刘兵老师随时会提问，且并非学生提供一个答案之后就算了事。他通常会根据学生的发言一直追问下去，这个即时追问和回答的过程对学生的思维能力是很好的锻炼。还记得在新斋的时候，跟着蒋劲松老师一起读凯勒（E. F. Keller）的原著，他带着我和刘亚静逐字逐句地研读，我们的体会非常深，收获也非常大。曹南燕、吴彤、杨舰、李正风、肖广岭、雷毅、王巍等老师的课，都注重引导学生提出问题并进行思考。有一次在李正风老师的课堂上，记不清是讨论什么话题，我还站起来跟老师辩论。事后，同学担心我会惹恼李老师，让我以后不要那么莽撞。不过，事实证明这种担心完全是多余的。李老师善于启发学生思考，即便是我们的看法浅陋，他依然持欣赏和鼓励的态度。有时候，老师们还会就某个专题邀请校外的学者来课堂进行讲授，授课内容带有学术报告的性质，吸引了很多非选课学生和学者来旁听。为此，常有京外的朋友羡慕我们有这么好的老师和学术资源。

研究所对学生要求十分严格。每到博士研究生资格考试、学位论文开题和预答辩时，学生们常战战兢兢，如临大敌。会场上，老师们一一指出问题，一针见血，毫不留情。如此，学生们便知道了严谨之于学问的重要性。想蒙混过关，是不可能的！毕业之后，很多同学还常常回到研究所参加学术报告会，甚至还被邀请做主讲人。研究所严谨浓厚的学术氛围，对我们是极好的熏陶。一方面训练了我们的学术敏感性，开阔了我们的眼界；另一方面也使得我们切身感受到研究所严谨踏实的学风和我们肩上所担负的传承的责任。

研究所是个温暖的大家庭，给我们学生留下了很多温馨美好的回忆。每次新年之际，研究所皆会举行联欢会，师生共聚一堂，气氛十分融洽。喝酒唱歌，畅聊学术与人生，平时看起来十分严肃的老师们此时都变得和蔼可亲起来。吴彤老师性格洒脱，爱喝酒，而且也愿意鼓励学生们喝一点。记得在学校东门的一次聚会中，吴老师半是劝，半是要求，成功地让我喝下了一杯白酒。事后证明我确实也没醉，还锻炼了胆量。吴老师酒量好，歌也唱得棒，《雕花的马鞍》《父亲的草原母亲的河》是经典曲目。曾老师的《大花轿》也令人印象深刻，他唱得有趣，能让我们感受到他对生活充满了热情。多年以后，再见到他，依然是双肩背包搭旅行鞋，染黑的头发、爽朗的笑声，脸上充满着年轻人般的朝气。最后一次见他是在上海开会，会间休息，他背着双肩包大步流星地朝我走过来，大声喊我的名字。还记得他询问我工作后都在忙什么，做什么研究。没想到这一面竟成了永别。至今，想起这位对我有过多次帮助的师长，不禁泪目。

所里的女老师不多。办公室的陈宜瑾老师为人热情，十分关心我们的学习和生活。我记得有一次聊天的时候跟她提起一些科研资料还没找到，没想到她居然帮我找到并且还复印好了让我去拿。她就是这样神通广大的人，你没想到的事她竟然可以想到并且默默地帮你办了。每想起，真是十分感激。曹南燕老师很注重养生，每周都要去游泳馆游泳，所以身体素质很不错。她同我们说话时，透着亲切和爽朗，也很关心我们毕业后的科研情况。鲍鸥老师那时候留着一头利落的短发，面容精致优雅，常和我们女生打成一片，是我们心中的女神。洪伟老师是我毕业之后来研究所的，在一些会议上接触过，感觉她为人为学很是谦和、勤勉。女性做科研，尤其是在清华大学这样的大学里做科研，是十分辛苦的事。她们是值得我们尊敬和学习的榜样。

在清华园里，除了学业，我还收获了友情。我们这一届共有5位普博生，分别是包和平、邱惠丽、李静静、胡广丽和我；2位直博生袁航和田小飞。包和平有大哥的风范，为人宽厚。夏天的傍晚，他常叫上大家一起聊天，佐以啤酒和烤串。也为此，我们这一届同学相互之间交流很多，关系很好。记得某次女生节，我们居然还收到了袁航他们送过来的玫瑰花，让我们几位大姐姐颇为感动。我和邱惠丽是舍友，现在还时常忆起论文写作遇到瓶颈时，我们深夜促膝长谈的情形。毕业后，包大哥旧疾复发。那年，我们几个人去呼和浩特参加高亮华老师组织的技术哲学会议，顺道去医院看他。彼时，他已十分瘦弱，憔悴不堪。出了病房，我们几个都红了眼圈。后来，他终究还是离开了，我们因为工作繁忙，竟未能去送行。每每想起来，感到十分遗憾和难过。实际上，毕业之后，其他人也很难有机会见面。倒是每年校庆时，杨舰老师都会组织茶话会，邀请毕业生参加，这才让我们有了相聚的机缘。也正因如此，不管走多久、多远，回到研究所我们就像回到了家。回忆过往，种种温馨涌上心头。

一晃，离开研究所已近12年。记得刚入学时，刘兵老师带着同学们去校园里一家新开张的哈根达斯店吃冰激凌，大家各自介绍自己的姓名、籍贯、学科背景和兴趣爱好。刘老师跟师兄师姐们聊学术，新生们跟着旁听，我第一次感受到做学问也可以这么放松愉快。后来，这也成为我带研究生时的一个传统。每年九月新生入学，我都会请上刘老师，让学生们聆听师爷的教诲。每年，刘老师也会挑上一个学生，与我联合培养。这样的聚会，既是新生见面会，也是学术讨论会，氛围轻松，但同学们的收获会非常大。刘老师总是说："有些话可能我第一次说的时候你们没感觉，可随着你们研究的深入，再听这些话的时候就会受到启发。"有些书是常读常新，有些话也是常听常新。至今，刘老师还如我在研究所学习时一样，关心和支持我的科研工作。我从刘老师那里学会了很多为人为学的道理，提升了对学术的鉴赏力，也锻就了“蚂蚁啃骨头”的科研精神。

大学是知识创新和知识传承之地。三年的研究所时光，各位老师既教给了我们知识，也教给了我们严谨认真的学术态度。至今，研究所依然是我们成长的加油站，是我们永远的家。今天，我们的研究所正值壮年，朝气蓬勃。春风化雨，桃李天下。我相信经过一代代的传承，学生们一定会将研究所的学术薪火和团结精神传承下去并发扬光大。祝我们的科技与社会研究所四十周岁生日快乐！

（本文写于 2018 年 40 周年所庆之际）

七年结缘科技与社会研究所

| 李英杰 |

我第一次与科技与社会研究所结缘是在 2008 年 9 月保研面试的时候，由于紧张，我问题回答得并不出色，但是当时有一位所里面参加面试的老师说："别紧张，对一个本科生不能要求那么多。"十年如弹指一挥间，我仍然记得这句鼓励的话语。当时我就下定决心，如果能够被录取，我一定要在这里好好向各位老师学习，不仅学知识，更要学做人。

2009 年 9 月，我成为科技与社会研究所硕士一年级的学生，师从杨舰老师。初来清华大学，我就感受到了清华园里浓浓的学习氛围。研究生与本科生学习的最大不同就是要自我学习并进行研究工作，正是所里面的老师和同学们教会了我这种转变。每门课的课堂上老师们都会安排我们做报告，例如，为了完成"科学哲学原著选读"课程的学习，在何继江师兄的组织下，同学们利用课余时间一起研读科学哲学原著，并进行讨论。除了课堂学习，在开题、中期考核、预答辩等环节，老师们精确的点评和富有建设性的意见，也都使我受益匪浅。

尤其让人难忘的是在杨舰老师的组织下，我们师门每两周的周三都会召开一次组会，大家轮流汇报自己的课业情况，杨老师对每位同学的学习进行指导，我在电脑里将组会相关的内容命名为"相约周三"。虽然每次开组会之前都会担心自己的汇报不够精彩，但正是这样的组会制度，一直鞭策着我的学习与研究。最初只有我、徐恒师兄、王晶金师姐、王公师弟，但是当我博士毕业的时候，队伍已经发展壮大，包括硕士生、博士生、博士后十人左右，形成了非常良好的讨论氛围。如今，我已经在新的工作岗位上评上了硕士研究生导师，我会把在所里学习到的组会制度延续到我的工作中，让我的学生们也从中受益。

除了学习生活之外，每年元旦举行的全所联欢会成为我们课余生活中一道亮丽的风景线。吴彤老师的歌声，刘兵老师的琴声，鲍鸥老师、王巍老师翩翩起舞的画面等，依然那么清晰地浮现在我眼前。平日里在课堂上一起学习的同学们也都各施所长，有的一展歌喉，有的潇洒起舞，每年的聚会我们都在欢声笑语中收获了满满的师生情、同学爱。

2016 年 7 月，我从所里博士毕业。在硕博连读的七年间，我认识了各位知识渊博的老师，结识了很多优秀的同学，并能够有幸参与清华与东京工业大学的联合培养项目，在日本留学两年，这些丰富多彩的学习与生活经历将成为我一生宝贵的财富。

最后，我要感谢所里对我七年的培养，感谢杨舰老师对我的辛勤教导，感谢七年里结识的每一位同学，是他们教会了我成长。

（本文写于 2018 年 40 周年所庆之际）

在STS研究所读书生活琐忆

| 乌力吉 |

2006年8月末，已临近“知天命”之年的我步入清华大学STS研究所开始攻读博士学位。当时入学的博士研究生有胡明艳、古荒、孙喜杰、江洋、宋春艳、何华青和我，共7人，胡明艳的导师是曹南燕老师，古荒和孙喜杰的导师是曾国屏老师，江洋的导师是刘兵老师，宋春艳的导师是蔡曙山老师，何华青和我的导师是吴彤老师。与我们同一批入学的硕士研究生有15人，其中王芳、李大伟、赵蕾、谷玥昕、杨仁杰、金平阅、盛叶兰等7人在本部就读，杨淳、曹绪奇、耿丽娟、张宇、王晨、乔智玮、马蕾蕾、华夏等8人在深圳研究院就读。王芳和赵蕾也是我的老乡，她俩的中学生涯分别是在呼和浩特两所知名中学度过的，闲暇时我与她俩经常叙叙家常，倍感亲切。入学初硕士研究生和博士研究生都在一起上课，除我上了年纪外其他同学正处于风华正茂的锦瑟年华。当时我的鬓角已经开始斑白，同一群年轻学子同堂学习，我既感到兴奋又感到局促不安。

当时，STS研究所是清华大学人文社会科学学院下辖的17个研究机构的其中之一。记得人文社会科学学院的开学典礼是在9月1日下午举行的。首先由院长李强致欢迎辞，接着老生代表发言，再接着教师代表发言，最后新生代表发言，古荒代表新生发表了热情洋溢的讲话。古荒文采很好，讲话很有气势，当时我心里暗自思忖，不愧是青年才俊。是年人文社会科学学院招收研究生共计225人（含留学生11人），其中博士研究生73人，硕士研究生152人。STS研究所的新生欢迎会于9月4日下午在六教6B207教室召开，新入学的22名同学全部到会，曾国屏、李正风、肖广岭、蒋劲松老师出席了欢迎会。曾老师介绍所里情况时讲到，所里有教授 15 人，指导博士研究生 25 人、硕士研究生 25 人、博士后 15 人，硕士学制 2—3 年，博士 3—4 年，人文社会科学学院近两年毕业的 110 名研究生中 2 年完成学业的仅有 8 人。因为刚入学的我们首先关注的是读几年才能毕业，所以对博士和硕士的正常修业年限做个介绍很有必要。李正风老师就“知识的积累和能力的提升以及用心感受清华校园文化”为话题作了简短的发言。李正风老师的讲话层次分明、干净利落，颇有新意。

9 月初博士研究生的专题课陆续开课，由所里的博士研究生导师开设。

曾国屏教授开设的专题课“自然辩证法原著研读”，选修的人有 13 人，共计 32 课时，9 月 4 日上午开课，9 月 14 日结束，每次讲座时长为 3 学时。该专题的内容由“科学技术的哲学研究”“科学技术的社会研究”“科学技术的思想史研究”等三个板块构成，采取对历史的回顾与现实中前沿问题的探讨相结合的方式展开。课程进行过程中不时地穿插学员的专题发言，在课程结束时大多数学员就与本课题有关的某个问题做了或长或短的专题发言。曾国屏老师率性本真、正直善良，说话办事，不藏不掩，深得师生的尊敬和爱戴。我与曾老师最初相识于 2000 年 11 月 15—18 日在北京大学召开的全国化学哲学与化学史联合年会，参加本次会议的、与我同住一个房间的贵州教育学院的崔沿江老师正是曾国屏老师的同乡和同学。会后与会人员在北京大学承泽园合影留念，曾国屏老师时年 47 岁。仔细端详照片，曾老师当时还很年轻，六年后的曾国屏老师，尽管气色很好，但两鬓已经斑白。也是在这次学术会议上我认识了刘立老师，刘立老师当时正在北京大学攻读科学史博士学位，他是本次会议的联络人之一。2006 年 5 月，清华大学 STS 研究所在网上公示博士研究生预录取名单时，刘立老师从德国打电话过来，第一时间告知我被预录取的好消息，使我感动良久。当时刘立老师已经到清华大学 STS 研究所工作，正在德国访学。我第二次见到曾国屏老师是在 2002 年 8 月 6—9 日在中国科学院研究生院召开的自然辩证法学术发展年会上。曾国屏老师与金吾伦、刘大椿、任定成、张明国、高亮华老师同在 A 组，曾国屏老师还与董国安老师一道主持了大会的第 7 次会议。吴彤老师受大会邀请做了《复杂性系统研究》的专题学术报告。当时在大会上用电脑做幻灯片来做学术报告的人还不多，吴彤老师用电脑幻灯片展示的“复杂性研究”的三维图像形象逼真，很是神奇。

科学史专题由刘兵老师和杨舰老师两人共同开设，由“科学与科学史”“科学史学科的渊源”“科学史学科的形成和发展”等三个板块构成。杨舰老师曾在日本东京工业大学攻读科学史博士学位，刘兵老师早年曾研究超导史，又著有在科学史界有广泛影响力的科学编史学方面的专著《克丽奥眼中的科学》，所以在该专题中穿插了“日本科学史研究的三个来源和流派”“日本和中国科学史研究的几个繁荣时期”“近年来科学史研究的新动向和研究热点”“20 世纪中国的科学史研究”等若干内容，使本专题的内容绚丽多彩、丰厚饱满，大大拓宽了我们的学术视野。

科学哲学和技术哲学专题由吴彤老师开设。该专题由“科学哲学发展的历史脉络”“科学哲学的发展趋势及其特点”“走向实践优位的科学哲学”等内容构成。主要参考书是由夏兹金（Theodore R. Schatzki）等人所编写的《当代理论的实践转向》（*The Practice Turn in Contemporary Theory*），由选修该门课程的同学分章翻译并进行解读。吴彤老师还经常组织同学们举办“读书报告会”，引导同学们广泛涉猎科学哲学的经典论著以提高同学们的学术功力。吴彤老师善于凝聚人心，其门下弟子经常保持联络并进行学术探讨。

欣闻 STS 研究所要举办建所 40 周年庆祝活动，我不由自主想起了 2009 年 5 月 2 日在清华大学文北楼 207 举办的建所 30 周年庆祝活动。庆祝会议由吴彤老师主持，曾国屏老师致欢迎辞，人文社会科学学院的李强院长发表讲话，魏宏森老先生回顾 STS 研究所建设和发展的历史，李正风老师汇报所里的学科建设情况。来自全国各地的莘莘学子欢聚一堂，畅叙旧情，场面甚是感人。曾国屏老师仅用 600 字的简短致辞回顾了 STS 研究所走过的 30 年历史的 10 个关键点，并对其初创时期的奠基人高达声教授表达了深深的怀念。

斗转星移，时过境迁，而今不少故人已乘仙鹤去，我们深深怀念，同样为 STS 研究所的建设和发展筚路蓝缕、鞠躬尽瘁的曾国屏教授。

岁月流逝，蓦然回首，而今青春与你我不似初见，我们依然在鲜花盛开的五月相见，一声问候，依然心动，衷心祝愿清华大学 STS 研究所，蒸蒸日上，明天更加美好！

（本文写于 2018 年 40 周年所庆之际）

读博杂忆

| 徐竹 |

得到科技与社会研究所将要纪念建所四十周年的消息，我心中不禁泛起了小小的震动。今年正是国家改革开放四十周年，而我先前竟没有意识到，自己读书学习了五年的科技与社会研究所也是与改革开放同龄的。既然是纪念，免不了要写一些回忆的文字。然而凭我的大脑尽力地检索，也只是一些拉拉杂杂成不了体系的杂感。其实这也正常，任何与科技与社会研究所共同走过一段日子的人，所见所得都无非是这个机构的某些侧面与剪影，而每个人都把自己所珍藏的那份记忆呈现出来，才能组成一份最完整、瑰丽的拼图。

我是 2005 年秋天到科技与社会研究所读书的，第一次来所里倒是 2004 年的秋天，我记得特别清楚，是那年中秋节前的几天，到所里面试推免的直博生。那时研究所还在文南楼，楼道里阴沉昏暗，依稀记得凡是有点空间的地方就都堆着好些书，显得有些拥挤。一同面试的有谭小琴，后来再加上王程韡，我们三个就成了同一届的直博生，以及肖彪，后来读了吴彤老师的硕士研究生。当时面试完出来离开校园的时候，心里还有些许失落，因为觉得自己未来几年就要在这样狭窄的环境中学习和生活。然而没想到的是，一年之后来报到的时候，科技与社会研究所已经搬到了新斋，环境变得窗明几净，地方也宽敞多了。这也让我由衷地感到，这是一个充满希望和精气神向上的群体。

师门是研究生生活的第一个新鲜事物。本科的时候当然还没有这个概念。人在本科年龄阶段的时候，未来的事业和生活发展还有相当的不确定性。尽管大家都学的是同一个专业，但对于未来的走向发展也都有着不尽相同的谋划。选择开始读研究生则不同，从这里开始所遇到的已经是对未来有较大共同期许的同学，特别又是由同一个导师指导，这就更是莫大的缘分了。初入吴门，我记得自己第一件惊讶的事情是同门聚会默认都是喝白酒的，特别是诸位师姐的酒量同样如此之好。聚会之后又时常会一起 K 歌，从而听到了吴老师引吭高歌几首从前闻所未闻的蒙古族歌曲，更是切身体会到了学术生活中蕴藏的生命力与真性情。至于固定时间的读书会、每年春季的踏青出游与秋季的香山赏红叶，更是不在话下。

回想起来，这些师门的集体生活对我树立学术身份认同，建立赢得未来科研成就的自信心，具有非常大的帮助。当然也会有迷茫的时候，因为科技与社会研究所是一个交叉学科的研究机构，从同门的身上我常常能发现很多知识背景或思维方式上的差异。这似乎给我提供了可以向不同范式发展的多元选择，但也因此带来了焦虑，对不知道如何选择最适合自己的东西而感到无所适从。在这方面吴老师就给了我很多教诲，我也会固定地隔一段时间找他聊一次，他也一直主张我坚持发挥自己的最大优势，走差异化发展的道路。这也是使我至今仍然受益的。

每年的开题、中期考核和答辩季应该是同学们最感到“压力山大”的时候，这当然也是个很好的契机，能够让我们了解到不同老师对自己工作的评价，以及看到其他同学，特别是不在同一个师门的同学，他们的研究工作做得怎样。就我而言，在论文工作的每一个环节，像刘兵老师、李正风老师、杨舰老师、王巍老师、蒋劲松老师和张成岗老师等，都从不同方面提了很多具体的意见。这里我要特别提到的是已故的曾国屏老师。那时的曾老师永远都是风风火火的，说话中气十足，喊人的声音常常响彻新斋二层的楼道。我与曾老师单独交流的机会并不算多，但有两次我印象特别深刻。一次考核环节中，因为时间控制得不好，尽管语速很快但还是有很多内容来不及讲，下来以后也是很沮丧。曾老师悄悄建议我，找一次沙龙的机会在所里讲，那里时间可以宽松很多。另外一次就是在答辩之后了，曾老师很认真地提醒我未来工作以后面对的学术工作考核的严酷性，原话我都还记得，他说：“搞学术就像打拳击比赛，要选择自己合适的量级。”现在想来，如果不是出于对即将进入职场的年轻学者的关爱，以及对学术事业未来发展的责任感，曾老师不可能把话说到这个份儿上。可惜在我毕业以后，曾老师也慢慢将工作重心移向深圳，在北京能聆听到他指教的机会就更少了，现在更是天人永隔。但我总希望他并不是真的离开，那个中气十足的声音还能再次回响起来。

学术生活离不开交流。读文献虽苦，但是研究者与作者的“神交”；做一次报告，是做报告的学生与听报告的老师的交流。除了这些以外，还有很多非正式的交流，那就是读博的同学之间相互砥砺，随时随地都可以开始的学术的或非学术的聊天。在我看来，读博生活最大的意义就是要经历这些与学术若即若离的“神侃”。当时，住在紫荆 W 楼的科技与社会研究所的男博士研究生们常常串门，我就经常到王程韡及其室友、曹南燕老师的博士研究生苏俊斌他们房间去。我的室友王成伟与苏俊斌他们隔壁寝室的台湾小伙江永基，又都是经济学研究所的博士研究生，也是同门。我们五个人，还有其他人文社会科学学院的博士研究生一起，常常在夜深人静时开始神侃：从米塞斯到熊彼特，从红楼梦的情节解释到罗尔斯以后的政治哲学，无所不谈。间或有西瓜消夏，或花生当夜宵，以及飘香的铁观音与咖啡，以至于聊到兴之所至，不知不觉就滑过午夜，至两三点方散也是常有的事。如果说要珍惜读书的时光，这样无拘无束、漫无目的的神侃经历就是珍惜的理由。

从 2005 年到 2010 年，除去中间在美国做联合培养博士研究生的一年时间，我总共在科技与社会研究所待了四年的时光。那时候的科技与社会研究所也算不得是一帆风顺的。在我入校以前，科技与社会研究所刚刚遗憾地未能入选教育部重点基地；在我读书期间，全所上下有一阵也努力做材料申报重点学科，最终也是遗憾告负。不过那时是学生，总觉得这些坏消息虽然不那么令人开心，但总不至于有什么直接的影响，也没太放在心上，而直到毕业和工作之后，我才慢慢理解这些事情的意义。

记得在我刚开始工作不久，全国范围的研究生思想政治理论课改革就开始了，“自然辩证法”的课时被大大缩减，那时我就有些为后来读博者的出路担心。科技与社会研究所成立至今已有四十年了，与国家的改革开放同龄，也与改革开放一样，总是要面临需要蹚过去的河和迈过去的坎儿。因为学术事业的薪火传承是每一个像科技与社会研究所这样高校中的科研机构的根本任务，由此，奋斗者的精气神儿始终应当是主旋律。这当然是从整体上说的，但具体到每个人，则完全可以更豁达一些，毕竟读博的经历本身就是美好的：它有能让你融入其中的师门活动，有方向各异但都真诚关心你发展的老师，更有值得你久久回味的午夜神侃。这既是四十年的积淀，更是面向未来的无形财富。因此，我在这里要表达的既是一个真诚的祝愿，更是一个由衷的信念：进入不惑之年的科技与社会研究所好运！为这项事业砥砺奋进的读博者好运！

（本文写于 2018 年 40 周年所庆之际）

我在科技与社会研究所的二三事

| 张春峰 |

荷塘畔，寒潭深，怪石立，莲藕沉，水木料峭时，送我一枝春。
燕园侧，圆明魂，行远道，念至亲，史海钩沉地，思念在我心。

毕业已近6年，思念却从未变淡。思念什么？厚重的师恩、浓浓的同窗情。我还清楚记得研究生复试时近春园的广场舞，还有《花儿与少年》俏皮的音乐伴奏。我们当年也算是无忧无虑的少年吧，今天却只能戏称自己是“小腊肉”——只能在川流不息的人海里，在火树银花的幻象中搜寻一些往昔的记忆碎片。

一、初见

一个普通211院校的本科生来到清华大学这座“大庙”，那种感觉既兴奋又紧张。本以为清华大学的老师都是学术大牛，应该是不苟言笑、一本正经的。其实老师们都非常和气，而且爱护学生。印象最深的就是研究生新生见面会上各位老师的发言。比如，蒋劲松老师介绍时，刘兵老师在一旁“闭目养神”。蒋老师解释自己的名字时，刘老师突然发作道：“蒋就是蒋介石的蒋，劲就是没劲的劲，松就是松松垮垮的松。这么介绍不就完了嘛。”一句话逗得大家前仰后合。又比如，刘立老师介绍自己时，总是忍不住双手抱成拳头，说几句话就松开，然后再抱一下。曾国屏老师详细介绍了科技与社会研究所的历史、科研成果等情况。当他说科技与社会研究所的科研经费占到整个人文社会科学学院的三分之一时，好多同学“不厚道”地笑了。我一直很佩服曾老师的脑洞，他总能准确地抓住问题的要害，不断给人以新的启示。当然，曾老师的方言不是每个人都能听懂的，思路也不是每个人都能跟得上的。

可怜忠义之人，天不予寿，每思及此，悲不自胜。2012 年 12 月 10 日，在我论文答辩完后的晚宴上，曾老师举着酒杯来到了我们桌，第一个祝福就是送给我的，祝贺我论文答辩顺利通过。那应该是我最后一次见到他了。

二、驻守

哲学专业可谓边缘，科技哲学更是边缘，然而，还是有我们这一批人在驻守边缘、开拓边缘，科学实践哲学、国家创新系统研究、科学编史学、科学社会学、产业哲学都是其中的硕果。在多年的学习中，我得到了老师们悉心的指导，至今受益。

比如，吴彤老师指导学生的要求可以归结为一个词：规范。什么是规范？就是到什么时候就该做什么事情，紧盯学校和所里的各个时间点，制定合理的工作计划，不违规，不拖沓，让学业平稳、有序地开展。做学问也要规范，要严格遵守学术道德，不能抄袭，引文必须全部标明，充分尊重别人的科研成果。做人也要规范，在他看来，只有踏踏实实才是做学问应有的态度，喜欢弄虚作假、耍小聪明、爱找借口的人是不会有好果子吃的。这些说起来容易，做起来都是要下苦功夫、慢功夫的。“桃李不言，下自成蹊。”这也是吴老师，乃至所有科技与社会研究所的老师桃李满天下、备受学界尊重的根本原因。

又比如，所里老师很重视勤奋的学生。王巍老师曾将做学术的人分为四种类型：聪明人下笨功夫，笨人下笨功夫，聪明人不下功夫，笨人不下功夫。整体而言，老师们都很强调笨人下笨功夫。吴老师常说的话就是“笨鸟先飞”“不怕慢，就怕站”，其核心就是要讲究勤奋。

再比如，杨舰老师在新生研讨课和自然辩证法公共课上都会给同学们讲自己参加国家项目时的一段亲身经历。大概是课题组的一位领导，在审查项目组名单时，特别提到：“你们这些专家里，有做‘史’的吗”……每讲到此，因为谐音，学生们都会善意地笑出声。但是杨老师讲课时认真的表情、细致的描述让我从心底感受到了他对科学史事业的挚爱。也许，在别人看来，我们是驻守边缘，但我们自己热爱自己的学术事业，因为我们知道，自己的学科、专业也是国家强大、民族复兴版图上一块不可或缺的拼图。学术事业本来就是慢功夫，那些耐得住寂寞的真正学者，永远是值得尊敬的。

三、离别

由于各种机缘巧合，很遗憾自己没能走上学术之路。历史不能假设，人生也不能重来。每当想起上学时那段最美好的时光，包括老师们的授业、同学们的友爱、上下届的共勉，心里都自然涌起一股股暖意。现在，我所能做的只是谨遵老师们的教诲，在自己的工作岗位上尽力做出一点点贡献了。

在学校待久了的人难免会有书生气，而这种气质是不会因为你是方仲永还是范进而有所不同的。走上工作岗位之前，我也始终有着这样那样的担忧，怕自己太过迂腐，不懂礼尚往来；怕自己太过直率，不懂人情世故。我向吴老师求教，吴老师告诉我："如果你对世界简单，世界也会对你简单的。做好自己的本职工作是首要的，做好事自然会取得进步。"我问高亮华老师，高老师说："我们科技与社会研究所毕业的同学在工作岗位上都很出色，你要记着，凡事最怕较真。比如说，一件工作给你2000块钱，另一件给你20000块钱，你不能因为这件钱多就好好干，那件钱少就敷衍了事。"这些教诲至今让我受益匪浅，我想，这也是我们科技与社会研究所所有师生共同的精神财富吧。

冬日诚可爱，刹那便是春。每当阳光透过窗帘，我都会自然地想清华园里的玉兰花是不是已经开了。每当我回到清华，我都要去看看新斋和明斋，看看最新的学术讲座海报有没有我熟悉的名字，看看孜孜不倦的老师们是不是还在奋笔疾书，看看近春园的大爷大妈们是不是还在跳着各样的舞蹈，听听——《花儿与少年》的音乐是不是还是随风而来……

（本文写于2018年40周年所庆之际）

从青涩学生到研究者的转变历程

| 张寒 |

能够进入清华大学科技与社会研究所读博士是一种缘分。2007 年我硕士毕业后开始在哈尔滨理工大学从事辅导员工作，但是对自己将来打算成为什么样的人还比较迷惘，而且也越来越感觉到在专业上的欠缺，对许多问题还没有想得很透彻。经过一段时间的慎重思考，我想选择从事理论研究和教学方面的工作，因为这既能让我更全面地了解所处的社会、时代，也能更认清自我，这让我很是着迷，我觉得有必要赶紧回到校园中。

因为一直对清华大学很向往，报考博士时便开始查询清华大学科技与社会研究所的网页。由于自己本科阶段是法学专业，硕士阶段是科技哲学专业，博士阶段希望能够在这两个专业交叉的方向努力。当时看到李正风教授简介中的科研方向之一是“科技发展战略与政策”，承担过《中华人民共和国科学技术进步法》修订、国家中长期科学技术发展战略研究、中国创新系统研究等科研项目，心想这不正是自己想找到的交叉领域吗？我马上给李老师写邮件说明了自己的想法，当时也比较忐忑，因为在此之前从来没有见过李老师，也没有交流过，也听说过“考博士至少要让导师了解一下自己吧”的说法。但是没想到很快就收到了李老师的回复——“非常欢迎报考！”这给了我很大的鼓舞，后来得知当时李老师正在爱丁堡大学交流学习。比较遗憾的是，第一年考试未能如愿被录取。2009 年，经过一年时间的充分准备，我再次报考了李老师的博士，幸运的是这次终于达到了要求。与我同年入学的 2009 级博士研究生中有几位同学与我一样准备了 2—3 年，老师们的“公平公正”和学子们的“执着”让我们终于成为清华大学的一员，成为后来在学术道路上惺惺相惜的亲爱的同学。

可能由于两年的工作和考博经历，我对博士研究方向有一个粗糙的想法，入学后经过跟李老师的几次讨论，老师结合我的教育背景和研究兴趣，提议以科技政策中关注的重要问题“政府资助下科研项目的产权归属问题”作为我的博士选题。但是入学后的第一年，李老师发现我很难从原来固有的法律思维范式中跳出来，去思考科技政策的问题。提问题、阐述问题的方式也与老师原来的设想有较大差距。为了解决这些问题，李老师建议我们每周举行一次读书会，最初的时候读书会的内容以读经典原著或译著为主，如拉图尔的《实验室生活：科学事实的建构过程》、吉本斯的《知识生产的新模式：当代社会科学与研究的动力学》、古斯顿的《在政治与科学之间：确保科学研究的诚信与产出率》等，后来读书会的内容扩大到科研课题汇报、答辩前的演练等内容。现在回想起来，固定的读书会模式是非常重要的学术训练，在这里我们有了交流的平台，无论是聆听老师的点评、倾听其他同学导读还是自己做汇报，都收获到很多，也锻炼了我们的学术表达能力，这为后来能够不胆怯地走上讲台、驾驭课堂打下了很好的基础。

科技与社会研究所特别像是一个大家庭，教师们像家长一样关注着每一个同学在学业上的进步，努力给我们创造更好的科研环境和条件。例如，2010年 9 月，高璐、吉日格勒、何继江和我四人准备去东京参加国际 4S 会议，这应该是学生组团第一次去参加国际 4S 会议，对我来说更是第一次用英语做学术报告，其中还有很多不成熟的地方，但是科技与社会研究所的老师们非常鼓励我们出去开阔眼界，并给我们向学校申请了资助的机会。曾国屏老师和洪伟老师也参加了这次会议，曾老师很关心我们的食宿问题，还请大家在东京大学吃了哈根达斯冰激凌，曾老师鼓励我们要有学术自信，让我们多了解国际学术会议的组织模式、关注的前沿问题，多与参会者交流，并更深入地去思考自己的研究课题。这次参会开阔了我们的眼界，同时也大大提升了我们的学术兴趣。2011 年、2013 年我又与同学们参加了两次国际 4S 会议，这两次的汇报我更加成熟和自信。

科技与社会研究所的同学们则是一起成长的兄弟姐妹，还记得 2010 年我准备去美国交流学习一年，出发前突然许多同学都到宿舍楼下来送我，让我感觉非常不舍，高璐和尹雪慧两位师姐还担心我太糊涂了，一直把我送到机场入口！

在完成博士学位论文的过程中，李老师的要求也非常严格，除了在办公室多次探讨博士学位论文的结构、内容外，为了能够减轻我在阐述问题时候的紧张感，老师多次与我在明斋前的操场边走边聊，在讲的过程中不断理清思路。在博士学位论文答辩之前，单是论文题目就修改了二十多遍，只为让它能够更直接、准确、精练地反映博士学位论文的内容。同学们更是并肩作战的密友，每次跟导师讨论完后，我也找机会和同学们交流。大家选题方向各异，但我们都以能让对方听懂且觉得有趣为目的。如果没能达到上述效果，自己就再回去想，想清楚了，再讲给对方听。在反复说明的过程中，自己的研究思路也更加开阔。

总之，在清华大学四年多的时间中收获很多，有很多美好的回忆，在此不能一一列举，其中导师的一句话对我影响至深，从进入清华大学的第一天起，老师就强调一定要时刻注意自己的“学术形象”，这表现在对待研究的态度、发表论文的质量、学术交流中的态度等多个方面，要做一个诚信、严谨、有态度的研究者。

（本文写于 2018 年 40 周年所庆之际）

我与清华大学科技所

| 朱晨 |

2015年夏天我从清华大学科技与社会研究所（简称“科技所”）毕业，作为选调生回到自己的家乡。工作两年多，我从一个单纯无知的学生快速成长为一名稳重踏实的中层干部，从金华义乌交界的富裕小镇到中共金华市委党校，我曾经目睹和经历过“上面千条线，下面一根针”的高强度、高压力工作（如G20峰会安保、信访接待等），也接手过有趣的乡村文明挖掘和建设工作，基层工作的压力和庞杂，人情交往的繁复和微妙往往让逝去的大学时光如冬日午后的暖阳，显得尤为温情。

一、我在科技所学习的日子

世上的缘分经常是以“偶然”的形式出现的，我与科技所之间的缘分也是如此。不过，拜在杨舰老师门下却是做足了功课的。进科技所以后需要分配导师，这个时候同学们往往会请教师兄师姐，然后抓紧去联系老师，生怕自己“心仪”的导师被其他同学“抢走”。我是比较幸运的，有两位老师作为我的导师，杨舰老师作为我的第一导师，张成岗老师作为我的第二导师。但事情往往有两面性，我也有“痛苦”的时候——开组会。两个导师意味着我一周要开两次组会，尤其令我头疼的是杨老师开的组会，时间比较久，常常讨论到半夜！处在学生阶段的我们，往往是“身在福中不知福”，杨老师的组会通常会指导我们进行书目阅读、论文写作与修改，杨老师的指导时而宏观全面，时而细致入微，有时会将上周讲的全部推倒重来。学生时代的我们对老师极为依赖，会照搬老师的想法，更有甚者会拿录音笔记录老师的讲话，拿回宿舍好好琢磨，再将文章颠来倒去反复修改，可是往往到最后还是回归最初的模样。以前会抱怨多做了很多无用功，但工作以后才明白，杨老师重在启迪，给我们提供多条思维路径，希望我们多加思考。现在，所有的事务都需要依靠自己，向领导汇报时既要讲明问题，又要提出解决方案，有时不太明白之处向老同志请教也会觉得打扰了人家。现在想来，有人主动愿意牺牲自己的休息时间，指导你到深夜是一件多么幸运的事啊！

杨老师待学生如同待自己的孩子一样，每次出差都会帮我们带一些手信，组会之前分给我们吃，而我常常是拆手信的那个人。但开组会时，老师也会毫不留情地对错处进行指摘，有时也会让人面红耳赤。正是这种毫不留情、头脑风暴式的组会最大化地激发了我们的学习动力和创新能力，为了避免出现面红耳赤的尴尬场面，我们势必会在平时多做一些功课。促进我们不断获得“学习力”的另一种形式是做课题。我十分幸运地跟着杨老师做过“老科学家学术成长资料采集工程”的课题，在此过程中不仅让我对口述史有了进一步的了解，也让我对写作人物传记的平实语言、描绘人物性格的真实性有了更深刻的认识，更为重要的是让我意识到了时代背景对人物性格再造的作用。

导师如父！我印象很深刻的是我毕业找工作时，杨老师不厌其烦地三次帮我政审，反复地肯定我、支持我。在我工作一年后，张成岗老师也专门从北京来我工作的镇上探望我，了解我的工作、生活情况。老师们的关心往往成为我爬出工作情绪低谷的桅杆，老师尚且这么肯定我、关心我，我有什么理由不努力呢？

温情的岁月，还有一众同窗相伴。王公师兄曾帮我修改答辩 PPT、凌晨骑自行车穿过大礼堂陪我去照澜院打印。博士后王佳楠老师亦时常对课题进行提点，使我豁然开朗。小郭老师给我这个“理科盲”辅导“天体力学”使我终于低空飘过，毕业前夕我们常常在“听涛”吃油泼面、喝清华酸奶，在紫荆操场遛弯，聊一些有的没的。现在已退休的陈宜瑾老师也时常在我路过办公室时招呼我：“丫头，进来坐坐。”此刻，我仿佛又置身明斋，墙上陈寅恪和赵元任前辈的雕像如此清晰明动，扶着楼梯围栏拾级而上，二楼便是我们的家——科技与社会研究所。

二、价值塑造对工作的影响

几年前，杨老师偶然说过一句话，让我至今印象深刻，他说：“所谓教育，不是书本上的知识，而是工作多年以后，当你忘却了书本上的知识以后所剩下的。”前任校长陈吉宁、校党委书记陈旭、校长邱勇等也多次提到清华大学“价值塑造、能力培养、知识传授”三位一体的培养模式。而且知识传授、能力培养和价值塑造三者之间是递进关系，清华一直在着力培养治学大师、兴业英才和治国栋梁，且最根本的是塑造又红又专的为国奉献的人才。听话出活、追求卓越、勇于创新是清华特色，也是走出校门的清华人的行事宗旨。

这两年多，从走出清华园到基层乡镇、从基层乡镇到地级市党校，我听见过基层同事对清华人的由衷赞许，也听见过他们对后来者居上的慨叹，我和无数经验丰富的前辈握过手，也和脸朝黄土背朝天的农民交谈过。毕业后，我获取了很多社会经验，也逐渐忘却书本上的知识，但清华人追求卓越、勇于创新的精神一直烙印在我的心上，并驱使着我努力工作。

2015 年 7 月，我毕业赴乡镇工作，第一时间在镇里建立讲坛，整合选调生资源给乡镇干部、村干部讲课；9 月，建立了全区第一个乡镇微信公众号，并建议各个乡镇和机关部门同时创建微信公众号；年底，完成了两个农村文化礼堂建设，获上级领导点赞。2016 年 5 月，协助区委宣传部成功举办了“第一届艾青诗歌节”活动，在镇里建立诗歌创作基地，获艾青夫人高瑛好评。积极联系母校，推动金东区建立“清华大学博士生暑期实践基地”；2016 年 7 月，邀请社会科学学院研究生实践团来金东区就“特色小镇”进行调研。2017 年 7 月，金东区清华大学博士研究生暑期实践步入正轨，20 名博士研究生团队赴金东区开展“城市社区模式探索”“农村生活垃圾分类智能化管理提升”“街道小城镇环境综合整治”等 14 项课题调研。我们虽已走出校门，但始终知道，母校永远是我们强大的后盾，因地制宜推动校地合作，进一步推进学校对地方的技术服务、人才信息合作，让更多清华人服务祖国的角角落落亦是清华又红又专价值塑造的应有之义。

（本文写于 2018 年 40 周年所庆之际）

子曰："四十而不惑"

| 曾点 |

那一天晚上，与一个朋友走路聊天，我预备去操场跑跑步。我拿出手机看了一眼计步器软件，告诉她："我一天下来才走了三千步，离一万步的目标还差得很远。"一万步这个目标是计步器软件自动设定的。也许是我的话有点出乎她的意料，她笑了笑说："没想到你这么依赖技术呀！"听到这句话后，我的第一个想法就是："这实在太 STS！"在这个时代，科学技术与生活是这样紧密地联系在一起的。STS 说起来好像是象牙塔里的一尊"菩萨"，其实近在眼前。

虽然觉得很久远了，但也只是差不多四年前，我刚进入科技与社会研究所学习的时候，对 STS 几乎是一无所知，尽管我现在依然并不能确切地告诉别人什么是 STS。对于科技与社会研究所的历史，我最深刻的印象恐怕是"筚路蓝缕"四个字。大概两年前，科技与社会研究所老教授曾晓萱老师有一个"威斯康星中国留学生名录"让我协助做点编辑工作。我因此非常荣幸地近距离聆听过她的教诲，言谈间她曾回忆起科技与社会研究所最初的那些日子。科技与社会研究所是由清华大学自然辩证法教研组（室）发展而来的，她则是自然辩证法教研组（室）1978 年最初组建时候的四五个成员之一，也是这四五个成员之中唯一的女老师。我依稀记得，尽管曾老师已年逾八旬，但说起这些时，她无比自豪，仿佛又重新回到了那些年轻的岁月。听完曾老师的这段回忆，作为科技与社会研究所的一个学生，我当时就想着，从四五个人，成长为现在这样的一个大团队，这实在是一项很了不起的成绩。后来，曾老师又在 20 世纪 90 年代初作为"中美富布莱特研究学者"去麻省理工学院的科技与社会研究项目（Program on Science, Technology and Society）访问。她还半开玩笑地向我透露，那时候她拿的资助可比她先生柳百成院士曾在麻省理工学院访问时拿的多了许多。柳百成院士是新中国第一批留美访问学者的领队，1978—1981 年先后在威斯康星大学（University of Wisconsin，UW）及麻省理工学院访问。我作为访问学生成功去到麻省理工学院后，特地去那里的科技与社会研究项目上课与听讲座，还拜访了一位曾老师给我介绍过的老教授。尽管过去了四分之一个世纪，这位已年逾七旬的老教授对于当年来访的那位中国女同事依旧记忆犹新。一代人便是一段历史的见证。四十年来，我所的这些前辈们见证着中国第一个科技与社会研究所成长起来的风雨历程。

“清华 STS”在我眼中不仅仅是科技与社会研究所的一个简称，更像是一个品牌。在麻省理工学院访问的那一年，我认识了一些做 STS 研究的学者与学生。他们对中国的学界了解有限，往往惊讶于“原来中国也有 STS 呀！”因而，在向他们介绍自己时，我需要特别地介绍一下科技与社会研究所。我会发现，当他们听到我说“我在的研究所是中国第一个 STS 研究所”时，他们的眼中射出了一束特别的光。在我看来，那是一种表示钦佩的眼神。作为中国 STS 的第一个品牌，“清华 STS”也足够配得上这样的眼神了。也正是“清华 STS”，为我提供了一个与那些写在书里的名字进行面对面交流的平台。

2015 年暑期，迈克尔·林奇（Michael Lynch）作为首届“清华 STS 工作坊”的主讲嘉宾来我所访问。我是他这门课的助教。我那时候有一门课程的论文作业便是读了他的《科学实践与日常活动》（*Scientific Practice and Ordinary Action*）而写成的。林奇教授来自美国第一个 STS 教研机构——康奈尔大学 STS 系（Department of Science & Technology Studies，Cornell University），他来科技与社会研究所访问的确是非常合适的。在这次暑期课程的间隙，我很荣幸地与洪伟老师一起对他进行了一次访谈。访谈中的他完全不像一个七十多岁的人，精神矍铄，侃侃而谈。我基于之前的阅读经验拟定了一些预备问他的问题，可以说是夹带了不少“私货”去访谈他的。他非常耐心地对我的疑问进行了解答——我的蹩脚英文也许给他增添了不少交流上的困难。他对许多枝节都讲述得特别细致，要知道，《科学实践与日常活动》这本书他是完成于 20 世纪 80 年代末的。他学术上很严谨，生活中也是个特别有意思的老头。他那次是与太太一起来的，对于初次来中国的他们而言，北京是陌生的，所以，看见全聚德的师傅能那样熟练地片烤鸭的时候，他们感到非常惊奇，似乎拍了不少照片。林奇还很喜爱喝酒，要是每餐都能喝点啤酒就最好了。对于吃的，他也很"重口味"，完全是"舌头导向"的饮食家。我记得他曾告诉我们，美式食物已让他厌倦很久了，他的舌头需要点新鲜的刺激。他太太则吃得很寡淡。离开北京以后，他们又去了西安，看了兵马俑。林奇对兵马俑甚是感兴趣，他在西安订购了一个微缩尺寸的兵马俑邮寄回了美国。后来去康奈尔大学 STS 系念博士的贺久恒同学告诉我，林奇买的那个兵马俑就被放在了他的家门口，被花草环抱着。

在科技与社会研究所的这些平台上与一些著名学者交流时，也会有许多意想不到的趣事。林奇曾做过十年《科学的社会研究》（*Social Studies of Science*）杂志的主编。《科学的社会研究》是 STS 研究领域的旗舰杂志，现任主编是塞尔吉奥·西斯蒙多（Sergio Sismondo）。他所著的《科学技术学导论》（*An Introduction to Science and Technology Studies*）是 STS 课堂的经典教材之一，更是科技与社会研究所博士研究生资格考试列出的几十本必读书中的一本。我是在一个秋风萧瑟的夜晚，在波士顿街头的一个酒吧门口认识他的。那几天的我正在参加 STS 研究领域的年度盛会——国际 4S 会议。这年的会议是八月底九月初在波士顿举办的。

那一天是我要报告的日子，因此穿了一套正装，上身除了外套，里面便只有一件很薄的衬衣了。我的报告上午就完成了，会议的内容很丰富，晚上还有一个很隆重的晚宴，所以一直待在会场。晚上八点多，临到要离开的时候，一个朋友突然出现了。他毕业于北京大学，这时候刚刚正式成为康奈尔大学 STS 系的博士一年级学生。他告诉我，东亚 STS 的学者与学生还有一个聚会，在另外一个地方，问我去不去。我因为住得比较远，所以，并不是很感兴趣，但敌不过他的软磨硬泡，加之，我猜测那个聚会上也会有一些认识的朋友，因此，最后还是去了。然而，与想象的大相径庭，我们吃了个"闭门羹"。唯一的原因是我们不能证明我们"大于二十二岁"。这个聚会安排在了一个酒吧，波士顿规定二十二岁以上的成年人才能够进入酒吧消费。作为外国人，我需要用我的护照来证明我的年龄符合要求。但是，我早晨出门的时候是绝想不到晚上要去趟酒吧的。两个美国警察站在酒吧门口的一侧用一种"你个毫无常识的外国佬"的眼神睥睨着试图请求通融的我们两个。"两点以后，我们就不管了。"其中一个冷冷地搭了我们一句话。不过，还好，这个聚会的主办者——一位相当资深的教授，非常热心地一直站在酒吧门口陪着我们这两个毛头小子聊天。我们俩不是这波士顿灰暗街头里忍受刺骨寒风的"倒霉蛋"，西斯蒙多很快就加入了我们的行列。他是加拿大人，也忘记带护照出门了。被"困"在酒吧之外的我们这伙人便那样聊了起来。他给我的印象，一个词可以概括——年轻，不论是外表，还是他与我们交流的东西。波士顿初秋的深夜，寒风刺骨，我穿得又少，全身冰冷，双脚发麻，但这种交流让我暖心。值得一提的是西斯蒙多也毕业于康奈尔大学的 STS 系。

我对于 STS 的学习、理解与研究同科技与社会研究所历史传递给我的信念是分不开的，这更得益于其给我创造的各种有利条件。

孔子说“四十而不惑”，人到了四十岁才真正成熟。人生有不同的阶段，不同的阶段有不同的奋斗目标与价值追求。一个学术研究机构可能也是这样的。作为一位学生，我见证并参与了科技与社会研究所一小段历史，感到非常幸运。

（本文写于 2018 年 40 周年所庆之际）

春风化雨　润物无声

——我在科技与社会研究所做博士后研究的感悟

| 张仕荣 |

2007 年，我来到清华大学科技与社会研究所开展博士后研究，合作导师是国内在科技哲学研究领域声望益隆的吴彤教授，当时定的主要研究课题是“运用复杂性科学的基本原理对中国的能源安全问题进行解析”，对于我而言这是一个崭新的课题，具有一定的难度，在吴彤教授的悉心指导下，经过两年的努力，目前博士后研究已经取得阶段性成果，并获得了中国博士后基金会的资助。回首两年来的研究经历，可谓感悟良多，值此所庆之际，总结几点与老师和学友们共飨。

一、治学一流

我在科技与社会研究所两年的研究经历中始终为老师和同学们严谨的治学精神所激励，同时也以清华大学的治学标准要求自己。吴彤教授在指导我的学术研究时曾经言简意赅地指明了学术成果要达到的“标杆”——清华大学博士后的水平，也就是我个人理解的一流治学水平。我曾经聆听了几次吴彤教授主讲的“科技哲学”课程，先生在讲授过程中一直手执中英文两个版本的教材，逐字逐句地进行对照，修订中文版本的一些不准确的地方，从虚词的使用到译文的学术背景，纠错从不松懈，而我们这些弟子除了吸收到西方科技哲学的最新研究成果之外，更加重要的是领悟到了一种严谨的治学态度和求实的学术精神。

二、学术民主

学术民主的基本内涵在于学术包容，我在读博期间攻读的是国际政治方向，因此完全转到科技哲学的研究方向感觉十分艰难，吴彤教授对此看到眼里，多次与我探讨研究的突破口，其中先生提出可以把中国能源科技历史的变迁与中国国际地位的演化结合起来思考，这对于我而言犹如醍醐灌顶，可以说平等的学术讨论对培养每个人的学术心智十分重要。同时，科技与社会研究所内学术民主的气氛十分浓郁，无论硕导、博导，还是教授、讲师，都会为一个学术问题争论得面红耳赤，一般不会为所谓世俗意义上的“面子”而让步。在争议中成长，在论辩中进步，每个人都可以感受到在观点的交锋中自身的学术素养得到不断“拔节”“分蘖”“灌浆”乃至迎来成熟和收获的季节。我多次见到所长曾国屏教授与所内年轻教师和同学为了一个学术问题相互激烈辩论的情景，令人难忘。

三、气氛和谐

所内新人、老人、学者、工作人员，皆和睦相处，其乐融融，唯有置身其中才会领悟到。在所里没有看到“当官”的架子和“威仪”，大家都是平等相处。几次餐饮中我都见到所领导曾国屏教授、吴彤教授、李正风教授和其他老师随到随坐，没有长幼座次之分。有一次曾国屏教授吃饭来晚了，直接坐到末席，丝毫不以为意，席间谈笑，和谐之意尽显。此外，所内退休的老教师很多，所内年轻教师和学生们能够自发结对帮助老师们解决生活中的困难，着实令人感动。

四、终生铭记

人的一生如一条汩汩奔流的溪流，所及之处有泊湾，有险滩，有旖旎的风景，还有旅途的劳累，艰辛之余总有收获。清华大学科技与社会研究所对于我而言，既是学术研究上停靠的最后也是最重要的一方泊湾，予我以宽松、宁静、包容的学术思考空间，也让我品味了学术百味，领略了大家点悟，见识了名校风采，这使我可以从容应对未来路上的颠簸、疲惫与失落。总之，清华大学科技与社会研究所的博士后经历宛如一盏明灯会引领我走过之后的风风雨雨，而导师吴彤教授及诸位先生的教诲将使我终生铭记。

春风化雨，润物无声。从内蒙古草原来到首都北京，从中央党校读博士到在清华大学做博士后，不断变幻的人生轨迹给予我丰富的人生阅历，而清华大学的博士后时光无疑是我一生中最为浓重的一抹亮色！

（本文写于 2008 年 30 周年所庆之际）

新兵眼中的老将

——写于科技与社会研究所所庆前夕

| 谢莉娇 |

2008 年 7 月，怀着喜悦和兴奋的心情，我进入了清华大学科技与社会研究所。曾经参观过的清华校园还是那么美丽，不像北京其他名校显示出人工修饰的风景，清华的角角落落在凌乱、自然中显示出力量和生机，我告诉自己，“清华，我来了！”进站近一年来，我在清华大学，在科技与社会研究所学习和经历了很多，但印象最深刻的仍是心目中的老将，谨以几个场景片段来表达自己这个新兵对科技与社会研究所老将们的钦佩和敬畏之情。

一、面试

2008 年 6 月 4 日，这个面试的日子我应该永远不会忘记。进入面试的办公室，我心跳有些加快，甚至不知道对自己面试的老师有几位，都是谁。在自己用英语陈述后，就进入每位老师的提问环节，只记得曾国屏老师的提问犹如连环枪，直击要害，又引导到位；徐善衍老师的提问温雅却不失力度，循循善诱的口吻让人感觉很舒服；吴金希老师提问中不失对我个人的关怀，也许是较之其他老师比较年轻，在抛出尖锐问题的同时，又为答者留下了缓和的余地。面试结束后，我的第一感觉是所里的老将们个个“身怀绝技”，严肃却不失活泼，认真却绝非呆板。我感觉自己开始喜欢这个团队，希望可以好好地接触这群“老将”。

二、新年联欢会

让自己对老将更为刮目相看的时刻是 2009 年的新年联欢会。2008 年的 12 月 28 日，在独峰 Pisa 酒吧中，一场由所里老师和学生共同参与的新年联欢会正在举行。

联欢中，魏宏森老师表演了京剧《智取威虎山》片段，蔡曙山老师的《林海雪原》片段让人体会到了英雄遥想当年的感觉，吴彤老师的蒙古族传统摔跤舞让人陶醉于迷人的草原风光中，刘兵老师的京胡让人体会到北京大碗茶的清润。最出人意料的是接受游戏惩罚的老将们毫不羞涩地搭建“五小天鹅”组合，在逗笑声中表现出对生活的自在和热爱，这反映出老将们的率真和可爱。

三、民主生活会

民主生活会是和所里退休“老将”们交流和学习的最好时机。因为通过这个场合我们可以接触到大多数所里的退休老师。记得在一次民主生活会上探讨科技与社会研究所未来发展问题时，退休老师毫不吝惜自己的思想和建议，对本所走过的 30 年历程进行了认真回顾，对科技与社会研究所向何处去也提出了较为理性的思路建议，过程中不乏对现状的争论和质疑，让我们这些新兵看到他们身上体现出的认真、执着和责任。是的，退出教学舞台的他们，始终没有退出科技与社会研究所的发展潮流，甚至作为“所中之宝”显得弥足珍贵。

四、网络博客

科技对社会的影响似乎无所不至，科技与社会研究所老将们的网络博客是我常常畅游的好地方。对于老将们而言，“写”胜于“言”。所里很多老师在网中都安了“家”，在那里进行思想的流淌与交汇。在老将们的博客中徜徉，一不小心就忘记了钟点，科技让我可以方便“串门”，从老蒋家的“从科技出发，何时能回家”到老刘家的“收获的季节”，从老高家的“青山绿水、理想诗意”回味到老刘家的“科学人生、科技社会”，我总感觉时间太短，不够停留。博客中，老将们对生活的喜、对未来的忧、对社会的“叹”、对学生的“盼”、对事业的“专”都显露得清楚明白。

作为科技与社会研究所的一名新兵，有太多太多需要向老将学习的地方，看到他们，会想到渊博、宽容和坚毅。衷心祝福科技与社会研究所的老将们能够老当益壮，为新兵们撑起头顶上这片湛蓝的天。

（本文写于2008年30周年所庆之际）

流水线上的祝福

| 肖咏梅 |

1984 年 9 月我知道社会科学系①要招自然辩证法研究生，1983 年我参加过《小逻辑》课外学习小组和第一届学生科协的活动，使我对课本外人文社会科学知识的兴趣高涨，于是就跑到社会科学系去了解招生的情况。

当时，社会科学系还在主楼六楼，办公室有三四间的样子，不到半层。这是自然辩证法教研室第一次招硕士研究生，导师是曾晓萱老师和高达声老师。在北京参加考试的考生有七个，录取了两名，这比今天的录取率要高多了吧？我很幸运地被曾晓萱老师录取了，开始了三年愉快的人文社会科学的学习生活。

我记得第一学期的课程基本上都是理科课程，与其他工科专业的研究生课程类似，如数值分析、数理逻辑、英语等，与自然辩证法有关系的有恩格斯的“自然辩证法”。

英语课是外教上口语，我在的那个班老师是一个叫乔治（George）的小伙子，二十出头，早上上课的时候牙膏还揣在裤兜里，三天两头生病。“George is ill”是我记得用得最多的句子了。第一学期我过得愉快而混乱，数理逻辑考试不及格，这件事对我有长久的影响，从此我对自己的逻辑能力非常有自知之明，与人争论任何问题，随时准备承认错误。

恩格斯的《自然辩证法》是一本奇妙的书，是唯一一本我翻烂了却实在无法看完的书。我天资鲁钝，那一段一段随手写下的读书笔记或感想，相互

① 1984 年教育部同意清华大学建立社会科学系。经 1984 年 2 月 23 日校长工作会议通过，于同年 4 月召开社会科学系成立大会。同时撤销原马列主义教研室。

之间并没有太大的关联，要理解其中的精妙实在比较困难。再加上听说爱因斯坦也对它不以为意，我认真去学的动力就小了。我上学时的课本或者送了人，或者扔掉了，唯有这本破破烂烂的书我还留着。不知道现在自然辩证法的硕士研究生还上不上这门课。

“如果你把种花作为一种职业，那花就会发出一种让人难以忍受的臭气。”作为工科学生的课外阅读，西方哲学史、技术史、中国思想史等方向的书籍可能引人入胜，让人流连忘返，一旦成了课程表上的一门功课，成了要考试的日常劳作，面孔就不那么迷人了。

必须坦白，做硕士研究生的三年我读书很少，离导师的期待很远，更没有钻研过任何学问而有所收成。虽然也跟着同学到处买书，但下意识里已经对书产生了抵触情绪，对不得不做的事情，理当如此的吧。我看书最多、最愉快的时期，说起来你可能不相信，是在西门子（中国）有限公司做商务人员的时候。在订单处理、成本控制之余，我看了塔西佗的《编年史》、修昔底德的《伯罗奔尼撒战争史》、叔本华的《作为意志和表象的世界》、爱德华·吉本的《罗马帝国衰亡史》、托马斯·曼的《魔山》等“闲书”。没有任何压力、不为任何目的而读书的甜美滋味再次让我陶醉。

我想说的是由理工科转而学习自然辩证法的同学，可能在进入社会科学领域之前读到了某本有趣的书，产生了强烈的兴趣，因而萌生了转学社会科学的想法。我们对自身的条件要有清醒的认识，对学习中的困难应该有起码的心理准备。我们虽然学过自然科学的课程，但对自然科学的理解实在是很肤浅；我们又缺乏人文社会科学的基本训练，一旦需要按照一个人文社会科学学者的基本要求拿出学习成果的时候就会感到极大的空虚。不得不勉强交出的成果只会让自己更加羞愧。当然，这也许只是我的个人资质问题，并不具备普遍性。

那个时候自然辩证法教研组（室）并没有十分明确的科研方向（也可能有，但是我没有注意到），到了我该做论文的时候，刚好当时的清华大学副校长张维先生、曾晓萱老师和寇世琪老师在做一个高等学校学术带头人的课题，我自然就跟着他们一起做这个题目了。参加这个课题的还有当时的南京工学院院长韦钰和浙江大学校长路甬祥。我毕业之后就没有再关心过这个课题，不知道 20 世纪 90 年代一系列关于学术带头人政策的变化与这个课题有没有一点关系。前两年有一天在电视里看到韦钰的一个访谈，满头白发的她正在安心地做奶奶（或外婆），时间流逝得真快呀！

其时我自己感兴趣的是京师大学堂的历史，在图书馆泡了一些时间，抄了一些卡片，但是提都没有向曾老师提过。现在想来，以我的古文基础和阅读范围，在硕士学位论文期间完成像样的关于京师大学堂历史的论文是不可能的。

英国作家乔纳森・斯威夫特年轻时创建了一所精神病院，结果他本人年老时，却进入了自己的精神病院。此事还曾被丹麦哲学家克尔凯郭尔揶揄过，说他“老年实现青年的梦想”[①]。我在读研究生时对维特根斯坦的一则轶闻印象深刻：一个打算学哲学的年轻人问维特根斯坦他去学哲学怎么样，维特根斯坦很认真地告诉他，去做一个流水线上的工人也许更好。我曾反躬自问：我是更适合学哲学，还是更适合流水线？现在我在北京京港地铁有限公司做技术翻译，本质上，我正站在一条流水线上。

站在流水线上的我，没有做出什么为母校增添光彩的成绩，谨祝愿师弟师妹们学有所成，老师们，特别是曾晓萱老师、寇世琪老师，身体健康、幸福快乐！

（本文写于 2008 年 30 周年所庆之际）

① 黄灿. 漂浮的心象：精神障碍患者“原生艺术”研究. 广州：暨南大学出版社, 2016: 273.

风景这边独好

——回忆在 STS 所学习的日子

| 赵秀生 |

光阴荏苒，岁月如梭。一晃毕业离开科技与社会研究所（STS 研究所）已经快 17 个年头了。蓦然回首，在这里的近 3 年学习和生活的日月，令人无限感怀，联想颇多，往事似乎仍历历在目，就仿佛一切都发生在不久以前一样。

记得 1989 年来进行研究生面试时，最开始结识的是刘求实老师，他待人诚恳热情，总是让人感到“春天般的温暖”。当时在我们教研室工作的有我的指导老师魏宏森老师，还有范德清和丁厚德老师，以及肖广岭、王彦佳及刘求实等青年教师。他们对我们这些同学都非常关心和爱护，对我们的学习和工作也都进行了严格的要求。

可以说这里是我们学习和工作的一个新起点，也是帮助我们成功迈向社会的重要台阶。每当翻到过去的某些老照片时，我总爱回忆起当时的一些逸闻趣事，以及令人难忘的情景。

其中还清楚地记得有这样一些事情：当新学期刚开始时，为了加强新生和老生的联系，丰富在校学生的生活，系学生会组织了各年级的拔河比赛和象棋比赛。记得在系象棋比赛中，由于运气不错，我好像还得了一个一等奖。还有一个值得提起的方面，就是当时为了便于系里与我们进行联系，在我们的学生宿舍房间里还安装了一部电话。那时不像现在人人都有手机，若能有一部固定电话也挺值得炫耀的。其他系的同学要想与外界联系，则只能由楼长通过楼层的广播喇叭满楼招呼，然后再从五六层的楼上快步地跑到一层的收发室去接电话，而我们却可以像现在在办公室那样悠然自得地与外界沟通。

那时按学校的要求，我们这些研究生都要进行暑期的社会实践活动。当时我们科技与社会研究所研-9的同学要去怀柔县（现怀柔区）的杨宋镇。我们一行8人是骑自行车去的，前一天大家都做了充分的准备，第二天我们一大早就出发了，一路上你追我赶，同时大家也都相互照应，当骑到怀柔县城时已经过了中午了，每个人都感到筋疲力尽，事先抵达的班主任刘庆龙老师有点担心和着急了。在怀柔的那段实践生活却十分令人难忘和饶有趣味，我们每天都可以到住地的一个池塘里去划船和抓鱼。当地还盛产水果，记得当时还买了一大筐的桃，总共才花了 6 元钱，而且我们那么多人好几天都没吃完。

当时我和王伟同学能有幸参加魏老师负责的石河子市社会发展规划这一科研项目，对我们来说的确是一次很好的学习和锻炼机会。因为这一工作为我们的硕士学位论文奠定了良好的基础，而且我们还可以较早地开题和进入项目研究阶段，另外还可以有机会远去西北领略新疆的风土人情，这在当时可以说非常具有吸引力。我们课题组里的师生都认真和积极地投入到了这一项目工作中。我记得那个暑假我也没回家，整天都在编写程序和建立系统动力学模型。根据计划安排我们要去新疆进行实地调研和收集数据，我和王伟及田原将一同坐火车去。当时的卧铺票特别难买，我和王伟在西直门售票点排了大半夜的队也没买上，最后还是刘求实老师帮忙才买到。记得要出发的那天，我也特别匆忙，中午从机房回来也来不及吃饭，就赶到照澜院市场买了些咸鸭蛋，准备在火车上吃。另外在从宿舍去车站的路上也遇到了一点儿困难，由于我们要带的资料特别多，行李也特别重，而当时学校都已放暑假了，根本也找不到同学帮忙。当我在从15号楼到校门的路上正举步难行之时，正好碰上我们室的丁厚德老师，他热情地用自行车帮我把行李送到了南门的375车站，一下子解了我的燃眉之急。当时也不像现在打出租车这么方便，另外好像也没有多少要用出租车的想法。后来当我们三人准备在火车上吃饭时，却突然发现我刚在学校里买的咸鸭蛋是生的！不论怎么说这次旅行，以及后来的两次新疆往返之行，都给我们留下了十分难忘的记忆。戈壁惊开新绿洲，丝路风情动地诗。我们课题组有机会领略一个具有西域特色、民族特点和大漠风光的地区，在那里的那段生活和工作至今也令我难以忘怀。也许正是那段经历的缘由，我后来（从1992年起）在核能与新能源技术研究院读博期间，领导也安排我参加了另一个有关新疆资源方面的重大国际合作项目。可以说从那时开始直至今天的近17个年头，我的科研工作仍与新疆有着不解之缘，要是从在我们科技与社会研究所这里就算起的话，都快有20年了！

还有，后来准备毕业答辩的时候已快到 1992 年春节了，当时所里的老师还对我的论文初稿提出了宝贵的意见和建议，这样我还需要对其再进行一下修改和完善。可是在当时电脑还不像我们今天这样普及和方便，有很多论文还是用手写来完成的。我的打印稿还是在外面找人用点阵式打印机打的，也根本没有条件再去自己修改，就只好用剪刀来手动进行传统的剪贴。要是在现在也许用不到 1 个小时的时间就可以完成，可我当时却用了近乎一天一夜的工夫。当我完成修改准备去复印时，精密仪器系复印室已经下班了，而第二天就是大年三十了。我原准备当天下午修改完后就送去复印，然后再坐火车回家过年。可是由于当时的各方面手段远没有今天这样先进和方便，我只好放弃与家人团聚的机会，在那儿等到初四复印室上班。

俱往矣，今朝岁月更峥嵘。以上的一些趣事和琐碎回忆不仅会使我们感到在这里的日子如此温暖，也会让我们汲取更多的力量来面对未来的挑战。这里还曾是我们学习和工作的新起点，这里有“行胜于言”的师长，这里有“以人为本”的关怀与培养，这里有“自强不息”的奋斗精神……“风景这边独好”，愿科技与社会研究所能以成立 30 周年为契机，不断探索，更上一层楼，在学科建设和人才培养方面取得新的成绩，祝各位老师和学长身体健康，万事吉祥！

（本文写于 2008 年 30 周年所庆之际）

从工科走向社会科学

——我与清华大学科技与社会研究所

| 和文凯 |

1992年从清华大学精密仪器系本科毕业后，我转到清华大学社会科学系的自然辩证法教研组（室）攻读科学技术哲学的研究生。求学期间，教研组（室）改名为科技与社会研究所。这一名称的变化，是教研组（室）老师们努力同国际学术规范接轨的结果，也是中国的科技与社会研究走向世界的大势所趋。1996年，我进入美国麻省理工学院攻读博士学位，专业就是科学、技术与社会。

我在清华大学读本科的时候，就对科学哲学和科学技术史有浓厚的兴趣。虽然也读了不少书，但那个阶段是“思有余而学不足”。记得我曾拿着自己写的一些读书心得，冒冒失失地找到了自然辩证法教研组（室）的高达声老师。高老师对我鼓励有加，但谈话结束时，高老师可能觉得我有些年少轻狂，对我说：“你还有太多东西需要学习。”高老师说话的语气和神态，我至今记忆犹新。学术研究必须要有兴趣和热情，但单凭热情是远远不够的。跟高老师谈话之后，我开始到自然辩证法教研室选课，一开始就选了高达声老师开的“科学技术史”。高老师在课上曾经谈到美国波士顿大学的科学哲学家罗伯特·科恩（Robert Cohen）对中国科技史和科学哲学研究的关心和支持，同时也坦承中国学者的研究水准还远远落后于西方学术界。可惜的是，我读研究生时高老师已因病无法授课。不过可以说，高老师是我科学技术史学习的启蒙老师。

在科技与社会研究所学习期间，我跟曾晓萱老师念科技史，跟寇世琪和刘元亮老师念科学哲学，跟曹南燕老师念科技的社会研究，跟姚慧华老师系统地学习了自然辩证法。曾老师当时刚刚从麻省理工学院访问回来，指导我从科技创新和经济发展的相互关系上去找论文题目。虽然我的论文方向已经不是科学哲学，但曾老师还是鼓励我去参加中英暑期哲学学院的学习活动，我从中受益匪浅。这三年的严格训练，为我今后的学术发展打下了坚实的基础。同时，教研组的老师也让我深深体会到什么叫做对学生的关心和爱护。我后来在博士学位论文的鸣谢部分里，特别感谢了教研组的各位老师。

在麻省理工学院学习“科学、技术与社会”，我的主攻方向是技术史，授课的几位教授对美国技术史都有精湛的研究。史密斯（Roe Smith）对美国的大规模制造技术研究有开创性的贡献，菲茨杰拉德（Deborah Fitzgerald）对美国农业技术的发展有独特的视角，而敏德尔（David Mindell）则是美国计算机和电子技术历史研究的新锐。在敏德尔教授的指导下，我利用麻省理工学院档案馆保存的原始文献，对计算机存储器的历史做了一些研究，包括美国华裔科学家王安在哈佛大学的一些工作。这是我离开技术史领域前的最后一项研究。有意思的是，博士毕业后我到哈佛大学费正清中心做的博士后，名字就叫做王安博士后（An Wang Postdoctoral Fellows），这是当年王安博士捐款设立的博士后奖学金。

我到麻省理工学院学习技术史最初的想法，是研究技术创新与经济成长之间的关系，希望能将国外的理论与中国的实际结合起来做些工作。为此目的，我到政治学系选修工业发展和经济成长的理论课程，从而遇到了我后来的博士导师伯杰（Suzanne Berger）教授。我也跟濮德培（Peter Purdue）教授学习中国近现代经济史，这让我学到了如何从18世纪以来的全球经济变化来重新考察中国近现代的工业发展。1999年，我决定转到麻省理工学院的政治学系攻读博士学位，博士学位论文比较了18世纪英国、明治日本和晚清中国在公共财政方面的制度发展情况，2007年论文通过答辩。从进麻省理工学院到从麻省理工学院博士毕业，前后一共11年。离开了科学、技术与社会这一研究领域，有负教研室各位老师对我的期望。但最后拿到博士学位，继续从事学术研究，也算对各位老师有所交代了。

科学、技术与社会是非常重要的研究议题，但缺乏明确的学科背景。我理想中的科技与社会研究所的设置，是植根于具体的学科的：比如，科学史和技术史的学生应该有严格的史学训练；科学哲学的学生应具备深厚的哲学背景；研究技术进步与经济成长的学生，必须在经济学上有足够的准备。进入论文选题和研究阶段之后，科技与社会研究所则为学生提供了一个不同学科交叉融合的平台。学生完成博士学位论文之后，既能回到原来学科从事教学和研究，又有在多学科基础上考察科学、技术与社会相关问题的视野。如果我的学生生涯能从头来过的话，我希望我本科上的是水利系，同时在历史系选修很多社会史和经济史的课程，毕业后在水电站工作一段时间，然后回学校念科技史，研究中国近现代的水利史。

最后，借清华大学科技与社会研究所 30 周年所庆的机会，祝各位退休的老师身体健康，祝愿研究所不断发展。

（本文写于 2008 年 30 周年所庆之际）

难忘在科技与社会研究所的日子……

| 孙大为 |

人们常说“人文日新”这个词是清华大学对人文社会学科重振雄风的期待，而我感觉这句话更应该细化为科技与社会研究所导师群体对学生们无微不至的人文关怀。转眼间在清华大学已度过将近六个春秋，回首硕士、博士阶段的清华园生活，感触最深的还是在硕士学习阶段班集体的融洽、导师群体的人文关怀。

记得刚报考清华大学时，同学朋友都觉得不可思议，一种怀疑的目光表露无遗。然而，既然选择了这条路我就会义无反顾地走下去，之后的日子里，经过 45 天的封闭学习，经历了早起晚归整天泡在教室里与清华的本科生争座位的难忘时光，我做到了，以班级并列第一的好成绩考取了硕士研究生，然而，不到面试，悬着的心始终没有落下，因为太令人激动了，必须要小心翼翼地去珍视、去对待每一个环节，尽量不出差错，直到拿到录取通知书……抱着这样的想法，直到开学、体检结束，我终于相信自己成为清华大学研究生的一员了。

作为全国第一个科技与社会研究机构——清华大学科技与社会研究所的一员，从面试开始我们就深刻体会到了导师群体的治学严谨、学识渊博、慈祥善良。作为全国一流的科学技术与社会学术研究中心，清华大学科技与社会研究所给予我们的是导师和学术群体的精干、细腻和人文关怀。与其他学校比起来，这里的专业方向和专业学术梯队建设更加明确、合理，同学间气氛更加融洽，师生关系更加亲密，真正体现了一个朝气蓬勃的大家庭所应该拥有的气质和魅力。回首在科技与社会研究所的三年，留给我们难忘的回忆太多太多，这使得我们直到毕业还与老师、同学们依依不舍……

忘不了我的导师鲍鸥老师在面试时对同学们鼓励和慈爱的目光，忘不了我的导师刘立老师带领我们在外面风尘仆仆地做课题调研，忘不了刘兵老师在课堂上那写意般往凳子背上的一坐，忘不了曾国屏老师谈起学科发展和建所历史时的那种忧国忧民和慷慨激昂，忘不了吴彤老师那严厉和慈爱融为一身的魅力，忘不了李正风老师胸有成竹的侃侃而谈，忘不了曹南燕老师在家里为我们包饺子的结课盛宴，忘不了王巍老师的温文尔雅、博学多才，忘不了杨舰老师那慈善的笑容，忘不了张成岗老师做学生工作时不辞辛苦的身影……忘不了一次次记忆深刻的国际论坛、学术沙龙和开题、毕业答辩……忘不了硕士班和博士班的一次次情感交流，更难忘的是一年两次的全所大聚会上师生欢畅的大联欢……

记得 2004 年冬天，我右腿因上篮球课意外骨折，在接下来的三个月中，同学们每天为我打饭、打水、倒水，扶着我散步，正是导师们一次次的看望、同学们的关怀和悉心照料，使得我体会到家庭的温暖和同学珍贵的友谊。

在科技与社会研究所的三年，我们见证了科技与社会研究所的快速发展时期。由于措施得力，我们所发表的著作、论文无论在数量还是质量上都有所突破，这使得我们所成为国内该领域中富有实力的研究机构之一，并进入了新的大发展时期。

所有的一切都成为我人生的一笔宝贵的精神财富，虽然我们都毕业离开了科技与社会研究所，但是，在校期间导师们传承给我们的严谨的治学精神和关爱情怀，同学之间的友爱和相互扶持，促使我在今后的人生道路上加倍努力和珍惜，也时刻督促我们要秉承导师们的精神，为我们所争光、为清华添彩。衷心祝愿我们清华大学科技与社会研究所而立之后更加兴旺发达，蒸蒸日上。

（本文写于 2008 年 30 周年所庆之际）

我与清华科技与社会研究所

| 王哲 |

时光飞逝，岁月如梭。转眼间就到了毕业的时间。回想起当初刚刚收到导师的电话，通知自己被清华录取时的兴奋，还历历在目。现在回想起在清华科技与社会研究所学习生活的这四年时间，感慨万千。在这里，我付出了很多，也收获了很多。

在科技与社会研究所，我懂得了学与思在学术研究中该如何应用。刚进所里的第一年，对清华大学的一切感觉都是新鲜而美好的。然而，课程的压力和紧张的生活节奏却难以让人一下子适应。记得来清华大学上的第一节课是杨舰老师的"科技史"，当时老师问："同一本梅森的《科技史》，本科生读，硕士研究生也读，博士研究生还是要读。大家知道这三个阶段为什么都要读同一本书吗？是重复和巩固吗？还是有什么别的意思？王哲来说说吧。"那是我在清华大学第一次被点名，紧张和兴奋的情绪丝毫不亚于拿着奖券等待开奖时听到自己名字的那种程度。四年后的今天，我还清楚地记得当时的我是这样回答的："本科生读，是要了解书本里的内容；硕士研究生读，是要在了解书的内容的基础上，理解作者写作的目的和意义；而博士研究生读，不仅要了解作者的意图，更要与作者对话，思考作者为什么这样写，还可以怎样写，自己对书中的主题有什么想法，等等。"在这四年里，我是这样想的，也是这样实践的。

在科技与社会研究所，老师手把手地带领我们实践如何做学问。在清华大学上课，对个人能力的要求非常高。老师们都要求学生对课程有充分的准备，同时还要在课堂上主动表达自己，以小班授课的方式，让每个同学都有机会站上讲台，表达自己的见解。不管同学的问题有多琐碎，老师都会很认真地讲解和启发我们。记得刚入刘门，导师刘兵教授就给了我一本像字典般厚的英文书，让我好好读。那是一本关于近代空气泵实验的科学史书[①]，对于文科女生，要看懂压力、弹性这些东西怎么在实验中被解读就已经不容易了，而要做到与作者对话，就更是不可能的任务了。这本书，我在清华大学待了四年，就读了四年，每读一遍，都会觉得想法跟上次不同。在这一艰辛的研读过程中，导师会及时地督促我，开导我，启发我。就连导师膝盖受伤住在医院的时候，也都会忍着痛，拄着拐杖坐在校医院的门口的石凳上，悠悠地点燃一支烟,听我在旁边照着读书笔记跟他絮叨看书时遇到的各种问题，甚至包括英文单词的翻译原则。然而，我不是一个一直都很勤奋的好学生，有时候因为偷懒没有看书，就会躲着导师，不敢跟导师联络，想象导师会生气，会责备自己不上进，不努力。现在想想，其实，和蔼可亲的导师从来都没有因为我们学习上表现得不够好而发过脾气，基本上都会用鼓励的话语来激励我们。比如，会打电话、发邮件问情况怎么样啊，哪里卡住了啊，有什么想不明白的啊诸如此类的问题。也许，我脑海里建构的威严的导师形象，正是我对懒惰的自己进行鞭策的一种方式吧。

在科技与社会研究所，老师不仅关心同学的学习情况，更关心同学的思想状况。记得二年级博士学位论文要开题的时候，我跟曾老师抱怨自己因为前期的学术积累不够好，进了所里自信都没了，觉得说话做事都变得小心谨慎了，就这样，也还是不敢说，不敢做。曾老师笑着说，考到清华大学的，哪个不是当地数一数二的好学生啊，但都是第一名进来的学生，在所里也不能都当第一名啊，总是还得有个谁学得好一点的比较吧。进了所里，以前的功劳簿清零，现在还是好好干，比进来的时候有进步，那就行了。吴彤老师也时时提醒我们，在学术的道路上，不是要跟别人比，是要跟自己比，只要自己不断在进步，那就有收获。就是在这样的开导和启发下，我逐渐放下自己学术积累不够好、理解问题比较慢等思想包袱，坚持一步一个脚印，跟自己比，跟昨天比。看到自己一天天在进步，真的十分感谢老师们对我的开导。

四年的回忆，不是这只言片语就可以说得清的。相信随着时间的流逝，很多美好和让人感动的回忆会慢慢浮现。在科技与社会研究所，我初窥学术的门径，从“不知道自己不知道”，到“知道自己不知道”，再到“努力让

---

① 即《利维坦与空气泵：霍布斯、玻意耳与实验生活》。

自己知道”。相信，有了这样扎实的学术培养之后，我会以所里的老师为奋斗目标，努力学做一名合格的教师，一名合格的学术人。

（本文写于 2008 年 30 周年所庆之际）

听心灵成长的声音

——散记在科技与社会研究所的日子

| 胡明艳 |

大四上学期，开学没多久，出乎意料地，我接到了班主任让我去清华大学参加直博生面试的电话。来不及等脑子转过弯来，我就奉命迅速办理了相关申请手续。不日，我踏上了赶赴北京的火车。

整个赴京面试之行，仿佛做梦一般，很快就顺利结束了。在接到清华大学正式的录取通知书之后，万分奇妙地，我就成了此前一直觉得和我八竿子打不着的学校的一员。“科学技术哲学”这个名词，对当时的我来说，约略也是个生面孔。不过，坦白地说，虽然懵懂，我的心情还是相当雀跃，觉得自己创造了个奇迹——清华大学，在我的印象里，向来只是理工科牛人荟萃的殿堂；她对面的那所叫做“北大”的园子，才是文科人召开思想盛宴的府邸。我这个文科跛腿女居然去了理工殿堂，难道不是很有“原创性”吗？

怀着这样的调侃心绪，2006 年 9 月，我正式来到人文社会科学学院科技与社会研究所，开始了我的直博生涯。刚来的那段日子，我的一大乐趣是“见活人”，即通过上课、听讲座，与那些曾经只是在书中纸上活跃着的各路学人一一会面。随着课程的逐渐深入，我不再满足“一睹庐山真面目”的欲望，开始与所里的各位前辈老师讨教学术。于是，奔波于课堂和图书馆、冥思于书桌前、挥毫于电脑上，成了我的日常生活状态。其间，虽然伴随着对入住女博“尼姑庵”的些许不适，大体上，我的心中仍是充溢着喜乐的。要知道，在清华大学科技与社会研究所，这里有许多风格各异的先生、学长，还有许多勤勉可爱的同辈学人。在这里，置身于书山中勤耕细作，实在是件相当顺理成章的事情。

一年半之后，紧张的课程学习告一段落，我需要真正从“学”生转型到“研究”生了。事实上，这个转变迄今仍在进行之中。在这一转型期中，我难免会出现迷惘与困顿。幸运的是，我有曹南燕教授这样一位和蔼可亲、学识渊博的领路人，还有像卢卫红、徐竹、王程韡等出色学长的热情指引，更不用说科技与社会研究所里其他各位老师的悉心教导、各位情同手足的同学的热诚相助了。在这样的氛围中，借助科技与社会研究所宽阔的国际国内学术交流平台，我开始逐渐构筑起自己的学术志趣，并一点点地积淀起各方面的能力。我知道，在品尝了生活真味之后，我的心灵正在成长。

虽然，面对前辈们铸就的高峰，现在的我尚只能叹服钦羡，脚下的路也依然很长。但是，我那日益丰满起来的心之羽翼发出了坚定的声音：清华大学科技与社会研究所是你成长的沃土，辛勤浇灌吧，孩子！在这里，你将收获无尽的快乐与喜悦！

（本文写于2008年30周年所庆之际）

水木情深

回到十五年前

| 李正伟 |

时光荏苒，往事如昨。翻开清华大学毕业相册，再次看到 15 年前的我和我的老师们，很多事情好像刚刚发生过。三年宝贵的清华生活在我的人生中留下了深刻的印迹，终将伴随我一生。15 年过去，早该总结一下了。清华岁月，带给我的虽有遗憾，但更多的是感激。遗憾的是，我本来应该可以与清华有更多的亲密接触，让自己更轻松地融入这样一个环境；我原本可以更好地利用清华面向学生的各种资源：图书馆、体育场馆、月色荷塘、各种学术活动以及大礼堂里的精彩世界。错过了就是错过了，再回头，已是昨日。

一、清华的孤独岁月

让我耿耿于怀的是清华的横向分班模式。这种班集体的分割让性格内向、过于害羞的我没有找到集体的感觉。我的宿舍，也并没有带给我更多的温馨感。的确，我的性格大概更适合那种筒子楼一样有着大大的开阔的公共卫生间、公共洗浴房的宿舍。研究生三年，我一直感觉我的宿舍条件太好，房间设施配备齐全，生活中的各个小细节基本都可以在这里解决。可我依然怀念本科时候的公共水房，那是一个可以和不同宿舍、不同专业甚至不同年级的同学嬉笑打闹的好场所。在水房里，伴随着哗哗的流水声，我们可以在一块聊天、大笑，顺便畅想一下未来。那种感觉也将是我终生美好的回忆。来到了偌大的清华，我反倒感觉不到集体生活了。

清华很大，可是在这里，我却经常感到孤独，不知道是不是跟每个人都匆匆忙忙有关系。于是，我又想起清华生活中的一次典型事件：在清华，因为校园大，大家几乎人手一辆自行车。每到交通高峰期，比如上下课时间或者午饭晚饭时间，学校南北大道上的自行车流量不亚于北京交通的早晚高峰车流量。结果在那样一次交通高峰中，我跟一位陌生男同学撞车了。接下来的反应我也记得非常清楚，我们把各自的自行车扶起来后，连头都不抬就各自蹬上车子离开了，根本用不着打架争论是非，是不是很默契？

二、在科技与社会研究所的归属感

清华校园带给我的是孤独，科技与社会研究所赋予我的却是另一番风景。清华没有给我的归属感，科技与社会研究所给我了，从研究生入学面试开始我就感觉到了。之后，各位老师在生活、学习上都给了我太多的关心和照顾。比如，入学初，所里有个房间放置了几台电脑供学生临时使用，而我也恰恰是为数不多的没有自己电脑的学生。所里老师知道了，干脆就把这个房间的钥匙给了我，方便我随时可以用公用电脑学习。我的毕业论文、我的好多作业都是依靠所里的这几台电脑才完成的。当时，还有几位老师和同学也会偶尔晚上来这里继续学习和工作。老师在教师办公室，学生在公共电脑房。有一天晚上，我听到了久违了的吱吱吱的叫声。在确认老鼠存在的一刹那，我大叫着去找正专心工作的蒋劲松老师。蒋老师循声很不情愿地走出来，说了一句："不就是只老鼠吗，有什么大惊小怪的！"然后帮我把老鼠赶走了。我当时好生惭愧，可事后也觉得好笑，没办法，谁让我怕老鼠呢！

不过我不只貌似胆小，脑袋还时不时短个路。比如，我曾经犯迷糊，竟然把导师刘兵老师辛辛苦苦从英国发来的重要电子文献当作病毒给删除了，这可不是开玩笑的。那些资料对于我的毕业论文来说太重要了。没有那些资料的支撑，我的毕业论文根本没法进行。刘老师狠狠批评了我之后，我才意识到问题的严重性。好在后来，我通过其他途径进行了弥补，不但重新收集到了那些文献，还进一步按图索骥，找到了其他相关的重要文献。无法想象，要不是刘老师的批评和付出，那么懈怠的我怎么能够写好我的论文。

刘老师教给学生的可不仅仅是写论文。更准确地说，他并不鼓励甚至反对学生还没有打好基础，就动手写作，发表那么多的文章。他始终认为，文章重在质量而不是数量。文章迟早要写，但是如果单纯为了出成果、为了毕业而投稿，这样的文章不写也罢。刘老师自始至终教给我们的是学术研究的态度和思路。学术研究本就是一个积累的过程，同时也是一个开放吸纳的过程，我们更应该以开放的心态去做这件事。当然，刘老师从来没有告诉过我们要 open（我觉得用英文更能表达其意），这都是我在跟刘老师学习的过程中体会出来的。这一领悟也将是我一辈子的财富：我们应该既能在学术著作中得到灵感和启发，也能够向周围的人和事多学习。刘老师让我意识到，跨领域的学习会让自己如虎添翼。只要有机会，他就带他的学生们参加各种国内、国际的学术研讨会，为我们争取到尽可能多的学习和交流的机会；他还会教我们如何写书评。更重要的一点：刘老师总能在一个大家认为与科学无关的事物背后找到与科学的相关性，因此总能以独特的视角去研究一件事背后的问题和意义。在发现一个好的题目或者好的点子时，刘老师总会风趣地问："这个好玩吧？"在他的心里，做就要做有意思的。

跟刘老师学习是件充满快乐又极具挑战的事情，生活也是丰富多彩的。那三年，我经常去刘老师家蹭饭吃，也得以遇到刘老师大显厨艺的机会。其实大多数都是师母韩老师做饭，韩老师做的酱鸡脖我至今难忘，那温暖的日子更是难忘。刘老师知道我有经济困难，就帮我找到了在科学时报社做实习编辑的工作，这样既缓解了我的经济压力，又给了我锻炼自己、接触学术圈的好机会。

除了刘老师之外，所里的其他老师也都帮助过我。不知道吴彤老师是否还记得他曾经帮我解决过 PPT 的技术问题，最重要的是，吴老师的自组织理论的授课让我印象深刻。现在，不管是课题研究还是在生活中，我总能不自觉地运用到自组织的原理。曾国屏老师讲课非常有特点，用他自己的话说，就是经常"跑飞机"，所以我们的思路必须跟得上。一旦跟上，便觉得很受启发——很怀念他那一头又亮又硬的灰白头发和爽朗洪亮的声音。在刘老师去剑桥访问期间，杨舰老师热情地为我的毕业论文做了指导。在生活上，陈宜瑾老师帮助我最多，平时不上课的时候，我经常去所里，每见到陈老师，她必定对我千叮咛万嘱咐，关怀备至。感谢陈老师！不怎么去看望她是我的错，希望她不要太怪我。

我的师姐们对我的帮助也很大。我曾经自己买了台二手电脑，打算脱离科技与社会研究所的电脑房。谁想到，这二手电脑总是卡壳，动不动就不工作了。这个时候师姐节艳丽总能及时赶到，帮我修好，我也从她那里知道了什么是攒电脑。还有赵冰冰师姐，其实跟她见面的机会并不多，可她总还惦记着她的师弟师妹。当年她把自己的年终奖分给我和师弟一人一半。这为当时的我解决了很大的问题，我却从来没有过感谢，但我心里记得。交流最多的应该算我们当年的漂亮"小师妹"刘晓雪。她幽默风趣，特别是她小小年纪，竟然是个星座专家。闲来无事，一见到她，我们就会打探我们的星座运气，给乏味的学习、查资料生活带来了无穷乐趣。

我的老师和同学们，让我有了一种归属感。

三、我的毕业季

临近毕业，遇上了 SARS（严重急性呼吸综合征）流行。学校在非常时期有非常办法：那段时期大家没法正常活动，就自发组织跳绳、打羽毛球；每个学生都必须在固定食堂吃饭，不能到处串着吃，学生们对此也是轮流监督；食堂每天都准备好了预防 SARS 的中药供学生限量服用。不知不觉中，作为一个小小的成员，我感觉到自己早已融入了清华这个大家庭。可惜此时已临近毕业。SARS 过去后，大家开始陆陆续续拍毕业照。我同室友一起在校园里走走逛逛找风景。走到二校门时，恰巧遇上了水木年华。作为小粉丝，我和室友赶紧跑过去请求合照。大家姿势都摆好了，可就在快门按下去的时候，才发现，相机没电了，好尴尬。就这样，眼睁睁地与水木年华擦肩而过。就这样，终究又在学校留下了一个遗憾。

无所谓了，再说，缺憾本身就是一种美嘛！而且科技与社会研究所给我的已经是满满的回忆了。它让我学会用一种开放的心态拥抱曾经的孤独，给我的清华生活添加了更多色彩。美丽的清华园，虽然我从不曾对你付出过，甚至于还有那么多的抱怨，可我心里明白，你给予我的其实已经足够多。真该反思一下：我又该拿什么来奉献给你？

（本文写于 2018 年 40 周年所庆之际）

感恩科技所，不忘清华情

| 陆小成 |

我是 2008 年进入科技与社会研究所（简称“科技所”）做博士后的，至今刚好 10 周年。十年光阴飞逝，回顾出站后的人生历程，最难忘的还是清华大学科技所老师们所给予的栽培、浸润和熏陶。风风雨雨，朝朝暮暮，花开花谢，秋去春来。在美丽的清华校园，我度过了人生最有收获、最值得珍藏的岁月。感恩科技所，学术大师的人格魅力始终感染着我！不忘清华情，自强不息的清华精神始终激励着我！

因为当年家庭的贫困而希望早点跳出“农门”，我于 1993 年参加了中考，选择了读中师，也在自己 18 岁那年光荣地成为一名小学教师。但这与自己从小的梦想——读高中、考大学距离太远了，看来似乎已经泡汤了。不过，我始终认为，心有多大，舞台就有多大！一定不要放弃自己的梦想与人生目标，要不断超越自我，不断攀登学术的高峰。出身贫寒的农家子弟，要想成就梦想，只有寒窗苦读，不懈进取！于是在工作之余，我选择了参加自学考试，继续寒窗苦读，终于通过努力获得了专科、本科毕业证书。我仍然不放弃进步，先后考上了硕士、博士！只有刻苦攻读、潜心研究，才能真正地完成自我实现。博士毕业后，在面对比较好的工作单位选择时，我最终还是选择来清华大学做博士后，因为渴望沐浴清华园的荷塘月色，渴望感知清华园的大师风采，渴望体悟自强不息、厚德载物、行胜于言的伟大哲理。

感恩科技所，难以忘怀恩师栽培。常怀一颗感恩的心，让我们回味两年清华博士后学习的快乐，感悟新斋楼里知识殿堂的时空存在，沐浴着科技所老师们的阳光雨露。跨越十年时空，尽管两年博士后时间非常短暂，但学术大师们的高深造诣、严谨治学、崇高魅力始终印在脑海！漫步在学术的道路上，任凭时光之泉流淌，依稀回味曾经的模样，老师们的教诲始终难忘。难忘科技所曾国屏教授、李正风教授、吴彤教授、刘兵教授、杨舰教授、肖广岭教授、刘立教授、吴金希教授、鲍鸥教授等所有老师给予的教诲和指导。几次经过原所长曾国屏教授的办公室，虽然已经是下班时间，但始终能看到他在伏案工作；几次听他滔滔不绝的教诲，音容笑貌依然历历在目。感谢我的博士后合作导师刘立教授在博士后基金、国家社科基金申报中的亲自修改和点拨，在博士后报告开题、评审等全过程的指导和鼓励，在博士后工作和学习中的教诲、包容和鼓励！还记得李正风教授、刘立教授、吴金希教授等老师们在课题研讨中的执着态度。还记得吴彤教授给我续租校园住房时的担保，那时吴老师二话不说就帮我签字，解决了我刚出站难以寻找租房的难题，深深感动着我；多次与吴老师交谈，吴老师均非常温和并认真地回答我的问题。还记得鲍鸥教授给予我生活和工作中的鼓励和安慰，当我遇到生活或工作中的困难时，她始终以和蔼亲切的态度找我谈话，关心我，鼓励我。还记得科技所党支部活动中老党员丁厚德、曹南燕等老教授们的热心关爱，他们尽管退休，但积极参加党活动，关心科技所，关心其他老师和同学，他们严谨务实的行为感染着我。还记得办公室陈宜瑾等老师们给予博士后们工作与生活中的帮助。多次的学术报告、讲课、课题研讨等让我深刻感受到科技所老师们的高深造诣和严谨治学的态度，这对我后来的学术生涯影响颇深，熏陶至今。教诲如春风，恩情似海深。感恩科技所的老师们，带我品尝知识的琼浆，勇攀学术的高峰，放飞青春的梦想！

感恩科技所，难以忘怀博士后的生活。还记得博士后崔波、戴德余、刘宽红、张仕荣、徐占忱、王华英、洪伟、谢莉娇等师兄师姐们在学术沙龙、博士后集体活动等过程中的互相关心与鼓励！博士后阶段的压力比博士压力更大，因为有更多的家庭压力和就业压力。可以说，博士后如果未成家的必须要考虑解决个人问题，不能再等再拖，而已经成家的博士后要考虑家庭负担或照顾小孩等诸多难题。特别是在就业环境日益严峻的情况下，博士后们的心理压力特别大，所以博士后们在一起，更能找到更多同命运、共呼吸的心灵安慰和精神鼓舞，在一起讨论、在一起学习、在一起研究更加有安全感和放松感。不过，特别要感谢科技所的老师们，他们最了解博士后的难处，了解博士后的心情，在工作中、生活中、学习中都给予了无微不至的关怀，给予了和其他同事同等的尊重和待遇。这种感受、这种体会，这一切的一切都仿佛发生在昨天，记忆犹新，感慨万千，感动万分。

感恩科技所，始终铭记清华精神！“天行健，君子以自强不息”“地势坤，君子以厚德载物”一直激励着我们。叶儿在空中盘旋飘荡，描绘着感人的画面，那是大树感恩大地对她的滋养！尽管离开清华大学，但清华精神始终铭记在心！不说我们是否能够给清华添彩，但至少不能给清华抹黑！“自强不息，厚德载物”的校训是清华精神的集中体现，是清华精神文化的支柱与灵魂。行胜于言，告诫我们言行要一致，要多做少说，要以实际行动来兑现承诺。这些都深深感动着我，我也时刻铭记在心。出站后，我一直在北京市社会科学院工作，我始终坚持“自强不息，厚德载物”的校训，不给清华丢脸，兢兢业业工作，踏踏实实做人，力争做工作的标兵和榜样。

感恩科技所，始终不忘清华之情！铭记清华精神，坚持严谨、求真、务实的做人、做事态度，不忘记科技所老师们的教导和栽培，不忘记清华精神所赋予的人生担当。因为科技所，我们与清华大学结缘，所以一旦提到清华大学，我们首先想到的是科技所。我们今天的进步与发展，都来自科技所老师们的栽培和鼓励，来自清华精神、清华感情的强大动力。今天，我尽管在学术上并没有什么惊人成绩，也没有什么伟大贡献，但始终感恩科技所老师们的谆谆教诲，不忘清华之情的精神支撑。唯有勤于工作，积极向上，努力拼搏，完善自我，努力为实现中华民族伟大复兴的中国梦做出积极贡献，才不负老师们的栽培与期待。感恩科技所，始终铭记科技所老师们的教诲，祝福科技所老师们永远健康长寿、开心快乐！

（本文写于 2018 年 40 周年所庆之际）

清华园的人文重塑与知识重构

| 皇甫晓涛 |

2004 年夏秋之际，已过不惑之年的我，被破格录用为博士后，来到了清华园科技与社会研究所。这是我经过很多年教学与科研实践以及几年政府的基层工作实践之后，最后的读书生涯与特殊研究工作岗位。一般人到了不惑之年，很容易把这最后一次的读书与科研生涯当作镀金而应付或虚掷过去，然而清华园和科技与社会研究所的学术氛围与工作节奏却是清新而又紧凑、紧张而又富于创新活力的。这为我近年的学术突破奠定了坚实的基础。有几点启发是终生难以忘怀的。

以往的哲学，总是离我们很远，甚至离科学也很远，离社会就更远了。进了科技与社会研究所之后，我们才深刻体会到了哲学的方法论作用，体会到了科技与社会的辩证法思维，体会到了哲学的知识工具与工具理性作用，体会到了无所不在的哲学的价值观与方法论作用；才知道在宗教哲学、历史哲学、文化哲学、艺术哲学的形而上之下，还有科学哲学、技术哲学、工程哲学、产业哲学的形而下的工具理性与科学方法。

以往的技术，也离我们很远，离创造与创作就更远了。进了科技与社会研究所之后，我们才知道，技术、技术思维、科技哲学可以为我们提供创新灵魂与创新基础，提供创新型国家建设与创新型城市建设的自主创新研究基础与技术路线，提供科学发展的创新基础。

以往的文化哲学，是形而上学的哲理思辨。进了科技与社会研究所之后，我们才知道文化与哲学的结合，可以在科技与文化的融合中，形成文化创新与创新理论，形成形而下的文化哲学创新体系，它包括国家创新体系与城市文化的创新体系、产业创新体系与企业文化的创新体系。

我们身在高校，游历了半生，原来只知道以往的高校与研究机构，只具有教学与科研的功能。进了科技与社会研究所之后，我们才更深刻地体会到高校的创新与社会服务功能，体会到学府与政府的对称结构对于大国崛起，特别是夯实创新基础的重要性，体会到学者社会实践创新基础的重要性与社会使命发展方向的重要性。我们原来只知道死读书、读死书，后来毛泽东主席教导我们知识分子要与工农相结合，要与生产劳动相结合，要与社会实践相结合；后来在拨乱反正和对“文化大革命”反思中，我们又从田野回到了书房，从实践回到了专业，现在看来，还要再回到实践中去，这是大学一个正反合的辩证思维，也是大学一个正反合的科学发展，是大学正反合的创新与飞跃。

正是这几点认识，使我完成了从文史哲的人文学科到经管学科的社会科学的跨越与知识重构，完成了从象牙塔的知识分子书写小我到为中华之崛起的大我的人文重塑的转型。

在清华园的科技与社会研究所，我学到的还有很多很多，尤其是曾国屏老师、肖广岭老师的为学与为人、为师与为道、人品与学品、功夫与境界、哲学与文化、科学与人文，尽在不言中。这一切曾给予我们巨大的信念与力量，所思无愧于人者，只是在清华园的学习生涯，曾是聚精会神，浴血奋战每一分钟，大有俯掠百科、仰望群星之境。不仅是我难以忘怀的，也是永远启智的。惊讶产生哲学，激情产生诗学，向往产生史学，清华园的科技与社会研究所，集三者之识于一身，亦大有兼容并包之境、自由创造之风。惊讶的哲学发现，激情的诗学创造，理想的史学向往与阐发，给予我们掠百科而无止境、读天下而知不足的不尽追求与探索，不尽文化向往与科学创造，不尽发现与创新之境。这是我们在清华园科技与社会研究所取到的真经，也是我们在这里获取的人生路上的最大财富。

（本文写于 2008 年 30 周年所庆之际）

我的清华STS缘

| 黄欣荣 |

一、结缘

很多人都有一个清华梦。我的清华梦的实现完全始于偶然。2001 年 10 月，我来到北京，因为一位大学同学在清华大学进修，于是我踏进清华园拜访老同学。在畅游清华园之时路过清华学堂，同学建议进研究生院看看。研究生院正好堆放着博士研究生招生简章和招生目录，我翻看之后发现，清华大学已经有了科技哲学二级学科博士点，开始招收博士研究生。我觉得这是圆梦清华的一次好机会，于是当场决定报考清华大学的科技哲学专业的博士研究生。我反复比较了几位导师的研究方向，感觉我的知识背景、兴趣与吴彤老师的复杂性哲学研究比较接近，因为我本科读的是中南大学的自动化专业，一直对系统哲学有浓厚兴趣。我通过清华大学电话查询台查询到了吴老师的家庭电话，怀着忐忑的心情拨通了吴老师的电话。吴老师在电话中特别热情，而且他说曾经读过我以前发表的论文，知道有我这样一个人。当知道我下海经商多年并想弃商从文考他的博士研究生时甚为惊讶。不过他说我的研究功底比较好，如果我能够考过分数线，就可以优先录取我。有了吴老师这颗定心丸，我一下子有了决心和信心。我拜访了吴老师，他热情地对我进行了指点，并将我需要的他过去发表的论文全部拷贝了一份给我，还送了我相关著作。以前我总认为，清华大学离我特别遥远，她只是一个梦。现在有了吴老师的热情鼓励，似乎梦就近在眼前。

二、考试

我回到江西，一边经商一边复习。特别是我把吴老师的著作和论文全部研读过几遍后，越发对吴老师的自组织、复杂性哲学感兴趣，因此动力也更加充足。经过4个月左右的复习，2002年3月初我迎来了博士研究生入学考试。就在临近考试的前几天，我骑着借来的自行车，在黑夜中摔倒，右手受伤不能写字了。伤心之余，我用止痛药喷遍右手，发现痛感减轻了不少，手指居然可以握笔写字，只是特别不自如。面对人山人海的考生，我一开始有点紧张，后来发现几场考试下来，坚持考试的人越来越少，信心也更加充足。李正风老师也作为考生参加考试，特别是他削好满盒的铅笔，准备了各种工具，考试时一丝不苟，这些都深深地感染了我，让我更有信心坚持考完。经过几天的笔试和复试，5月中旬我终于等来了成绩，很幸运每门课程都过了线。然而高兴了几天之后，吴老师告诉我一个不幸的消息，据说是原来不占招生指标的直博生现在要占用指标，所以我们因为没有招生指标可能没法被录取了。好在有研究所的领导和老师们的争取，我终于幸运地被录取，同时被录取的还有葛秋萍同学和李正风老师。我这个清华梦圆得真是一波三折，特别不容易啊！

三、在校

我们这届博士研究生是STS公开招考的第一届博士研究生。在我们之前，曾经在博士点批下后从所里应届硕士研究生中直接招收了3位博士研究生，这样算来，我们是第二届学生。我们这一届除了3个公开考取的博士研究生之外，还招收了3个硕博连读的直博生。可能是当时博士研究生培养才刚刚开始，所以博士研究生可以选上硕士研究生的课程，于是我仅仅用一个学期就完成了博士研究生所需的所有课程学分。也因一起上课的原因，我们博士研究生与硕士研究生的关系也特别融洽，几乎融为一体。我先后聆听了曾国屏、吴彤、刘兵、曹南燕、肖广岭、李正风、王巍、张成岗、高亮华等老师的专业基础课和专业课，从这些老师中系统学习了专业基础和前沿知识。我把课程学习和学术研究相结合，把老师们的教诲和自己的科研实践相结合，从第一学期到毕业，先后发表学术论文30篇左右，因此获得清华大学光华一等奖学金和综合优秀二等奖学金，并为自己今后的科学研究奠定了坚实的学术基础。在此特别感谢清华大学 STS 老师们的辛勤培养。

四、毕业

由于没有经验，我以为最后一个学期还有充裕的时间来写博士学位论文。谁知道一开学，学校就通知要交博士学位论文，我被狠狠地吓了一跳，于是匆匆忙忙拼命赶着写，好在有较好的科研基础和学术积累，在四月中旬最后上交期限内提交了博士学位论文。经过两位匿名评审和三位公开评审，我的博士学位论文得到了 5 个 A 的优秀成绩，顺利通过了博士学位论文的匿名评审，后来也顺利通过了答辩，因此在三年的规定期限内得以按时毕业。毕业前半年，京外的几所大学直接给我提供了教授职位，吴老师鼓励我出京去独当一面，于是我挑选了我家乡的江西财经大学。

如今我自己也已经是多年的教授、博士研究生导师了，在复杂性哲学、大数据与人工智能哲学等方面取得了一点成绩。回想在清华大学 STS 研究所的三年，收获颇多。清华大学不但让我获得了更多的知识，更让我深刻领会了“自强不息，厚德载物”的清华精神。吴彤老师以及 STS 研究所的其他各位老师让我从一位商人成功转型为学者，我永远感激不尽！我希望能够将清华大学 STS 研究所的火种散播到赣鄱大地，让清华精神更加发扬光大！感恩清华，谢谢老师！

（本文写于 2018 年 40 周年所庆之际）

无问西东　心有恒

| 李福 |

园子里、荷塘边，冬去春来，留下的是我们一起走过的岁月和无尽的眷恋。

每一次漫步在校园，心里总能感受到这份厚重和平静，感觉到刻入骨子里的大气和认真。每当身边的朋友向我提及清华，说到“自强不息，厚德载物”校训对清华人的影响，我都会再补充道：其实，对我影响更具体的是“行胜于言”的校风。做到“自强”和“厚德”的人，社会上有很多，而通过“行胜于言”往往能找出清华人的共同特质。

我们不善言说，你却能感受到我们的严谨和细致；我们不善表达，你却能感受到我们的温情和爱意；我们不善展示，你却能感受到我们这份友善和真诚。

是的，这就是我们清华人。无问西东，心有恒。

这样的特质对我影响最深的是我的恩师曾国屏先生。追随在恩师身边的日子里，是幸福的，是满足的，是激情的，是向前的。曾老师的办公室在我们学生办公室的对面。每当曾老师看书或是写文章，发现一个好的思路或灵感，一道响亮的声音就会向我们这边传来。我记忆中最深刻的就是喊我师兄的名字：苟尤钊！苟尤钊！苟尤钊！师兄立即停下手里的事情急奔过去，然后悠然地回来说：“曾老师叫大家一块儿过去聊会儿，走。”于是，一堂高质量的课就这样自然地开始了，有时候几分钟就结束了，有时候几个小时也讲不完。

每每想起曾老师，我都能感受到这份对我们既严格要求又疼爱有加的父爱。他传递给我们思想和力量，教会我们做人的本领。

一次，我和他去车站接一位博士后，我说："李响师兄给我打电话说问一下你今年生日想要什么礼物，这双耐克鞋是不是该换了？"曾老师很生气地回答道："你叫他立马给我把论文初稿发过来，一篇像样的文章就是给我最好的礼物，换什么鞋。"恩师就是这样，全身心投入到学术和教学工作中，而对自己的吃穿用倒不怎么计较。我们经常在早上醒来第一时间收到曾老师凌晨2点以后发送的邮件。前一天信心满满地将写好的论文发给曾老师，第二天早上往往就收到经过他批注的修改意见。我一直保存着这些曾老师曾经帮我修改和批注过的论文原稿。字里行间、圈圈点点都让我感受到这份精神和思想的传递。

恩师走后，由李正风教授继续指导我的博士学位论文。李老师是曾老师很器重和很满意的大弟子。这样，他既是我的大师兄也是我的导师。由于李老师工作很忙，我只是在他的课堂上和他有过接触。成为他的学生之后，我才发现，原来李老师不仅逻辑严谨、思维清晰，而且生活中很是随和、幽默。

跟随李老师这一年刚好是我写博士学位论文的阶段。每天早上六点起床，来到明斋，中午吃完饭午睡，下午继续，晚上十二点左右回宿舍睡觉，真正的三点一线。看着窗前的树叶由绿变黄、慢慢飘落，只剩下光光的树枝，然后大雪纷飞，师兄师姐开始回到银色的清华园给我们做"如何找工作"的报告。

再然后，柳树枝条穿上了新的绿衣，春回大地，盛夏悄悄来临。

与此同时，是紧张的论文进程。先是在组会上，李老师和同门帮我提出完善论文思路和章节大纲的意见。然后，我在一次次组会上汇报新的进度，进而进行新的修改和调整。接着，在预答辩前夕，李老师在电脑上逐段过一遍。两个显示器，一边是李老师边看边画出修改的地方，一边是我边看边记下修改意见。这一场景就像是一幅温馨的油画，深深地印在了我的心底。最后，完稿阶段，军徽、晨萧、梁帅帮我校对，我顺利通过评审和答辩。

一年的时光是短暂的，然而我和李老师以及同门的兄弟姐妹们之间的这份情谊却深深地积淀、扎根于美丽的园子里。清华园的独特气质，记录下我们欢声笑语、拼搏成长的历程，成为我们永恒不移的共同特质。

（本文写于2018年40周年所庆之际）

走过清华园

| 葛秋萍 |

2002 年 9 月，我从华中科技大学来到清华大学攻读博士学位，继续我的科研之路。初入清华园，一切都那么亲切而熟悉——和华中科技大学一样横平竖直的建筑格局，一样的严谨治学风范，让我初入之时就深切地感到，在清华园这个诱人而又伟大的至高学府，我一定会学有收获。清华园“自强不息，厚德载物”的校训和“以德服人，行成于思”的格言，一直是我为人做事的座右铭，激励着我奋发向上至今。

初入科技与社会研究所读博之时，我有幸师从曾国屏教授，当时，曾教授正对知识资本理论的研究表现出极大的兴趣，而我本人在硕士期间也曾不谋而合地对此领域非常关注，并有过一些青涩的观点。所以，我将自己博士期间的研究方向定位在知识管理的方向上，对知识资本如何从虚拟价值向现实价值转化的机制做了重点研究和思考。在此期间，曾国屏导师申请的课题“知识资本全球化及我国科技创新的若干理论问题”获 2003 年国家社会科学基金重点项目资助；2004 年，我的博士学位论文《知识资本的虚拟价值现实化研究》再获北京市科学技术委员会“博士生论文资助专项”，这更激发了我在该领域进一步进行研究的兴趣和动力。虽然博士三载于我而言是段艰苦的求索，但沉浸于学术求索的漫漫长路之中，心境却也如呼吸在雨后空气中般清新、畅快。

知识资本理论的研究是一个广博深邃的研究领域，是知识创新理论研究的重要内容，要全面、深入地论述和剖析该理论，远不是我个人的单薄之力所能胜任的。所以，博士期间在曾教授指引之下，在众多教师的谆谆教导之中，我结合了创新理论与知识管理的相关理论，在管理学、经济学和科技哲学的交叉地带，从知识资本的价值链转化角度切入，对创新知识如何从虚拟的概念状态转化为现实的经济财富过程、创新知识如何完成资本化的获益过程进行了剖析论述，并试图从中找出一些关键性的影响因子。我在博士期间的研究只是知识资本理论研究领域中的冰山一角，但是博士学位论文完成后我掩卷沉思，在知识资本领域艰苦的学术探索中吸收积淀的思想浪花，这仍然成为我的欣悦之所在。

在科技与社会研究所学到的每一点知识，都为我后来进入公共管理学领域的工作与研究奠定了良好的知识基础。在跨学科的研究中，我因深受清华大学科技与社会研究所浓厚的学术底蕴与扎实的理论熏陶，较为顺利地完成了从科技哲学向公共管理学科领域的转型，也为自己的研究挖掘了更广阔的空间和平台。2007 年，在我的博士学位论文基础之上完善和积累而成的专著《创新知识的资本化》由中国社会科学出版社审定出版。

在此，衷心感谢导师曾国屏教授，在我三年的博士治学生涯及知识储备的过程中，曾教授不仅在学术上悉心指导，亦为我提供了参与课题研究、学术会议等多种学习渠道，使我获得了专业知识技能的同时，也习得了认真严谨的学术态度。曾教授多年来从事科技政策研究的深厚学术功底及诸多创新性建议，为我的学业顺利完成提供了软件支持。导师敏锐的思维、精辟的观点和善良正直的品格，我时刻铭记在心。

衷心感谢科技与社会研究所的所有老师，他们的言传身教、严谨细致、一丝不苟的作风一直是我工作、学习中的榜样。当我自己身为人师之时，我在教学与指导学生的过程中都不自觉地以他们为模板。

衷心感谢清华大学，近百年历史的清华园以其植根于中华民族优秀文化的沃土、渗透着西方文化的影响的独特精神魅力，影响着莘莘学子的精神世界。我们都无法停下前行的脚步，然而清华园的博士求学经历已经成为过往，但是走过清华园，就走过了我人生驿站中最亮丽的风景之一，魂萦梦牵，总挥不去月色荷塘之美，也绕不走绵绵师恩与同窗之好。

祝愿所有关心和帮助我的人，永远洋溢在温暖和煦的春光之中！

（本文写于 2008 年 30 周年所庆之际）

在 路 上

| 董丽丽 |

总有一些人、一些事是我们用一辈子的时间也无法抹去的，其中的一些在我们经历之前就已经知道必将铭记，有一些就那么淡淡地来了、淡淡地过去，然后忽然，在某一个醒来的午后，蓦然闪现。还有极少数的，是我们在来之前并未觉出它的意义，等到身处其中、未曾结束之时，就已经明了它的重要，直至珍惜过程中的每一分每一秒。这样未曾结束便开始留恋的岁月很鲜见，似乎，我们已经习惯了在抱怨现在的生活之中怀念逝去的时光，仿佛只有无法握在手心的才值得珍惜。

我也一样，在懵懂的童年之后就开始迫不及待地期许着结束一段生活，头也不回地投进另一个空间，结识另一群伙伴，然后，在新奇过后便开始追忆一些人、一些事，并期许着下一段时光的到来。就这样，直到清华园。

清华并非由来已久的梦想，来这里似乎更像是冥冥中的一次偶遇。来之前的那个暑假有过欣喜，但禁不起开学前来火车站买票的路上将手机丢失的沮丧，日子很快就恢复如常。只记得初来这里适逢军训，校园里到处都是迷彩绿的军装和招展的红旗。初到的一个月，我竟迷路了无数次。那时，毫无方向感的我课余生活不是骑着单车，叮叮当当地穿行于清华林林总总的小路上，就是下了课，迷失在寻找单车的路上。

忙碌的生活总是充盈的，像是晨风中赶着上课的车流，让人来不及感慨也顾不得抱怨，只是那么意气风发地走着。而今，来清华已近两年，第一年，似乎上了好多的课，所里的、哲学系的，还有北大的。懵懵懂懂的自己，坐在课堂上，听海德格尔诗意的栖居、费耶阿本德的无政府主义、维特根斯坦的规则悖论、卡特赖特驳杂的世界，想科学是什么、历史是什么、世界是什么、“真”又是什么。在聆听、苦苦思索、与老师的争论中，发现曾经意识中所默认为永恒不错的一些东西开始慢慢崩塌，进而发现这个世界与曾经想象的是如此不同。最大的一个不同是我不再盲从，不再等待答案，而是开始重新考量眼前的世界。

第二年，课并不多，大半的时间用来读书、听报告或是神龙不见首也不见尾地躲在宿舍做宅女。这更像是一个解构之后的重构过程，将上一年被各位老师迎头痛击、打得七零八落的各种想法和观念重新拾起，一边找到问题一边寻求更为合理的答案，然后再推翻再重构。在每一次的解构与重构中，思索的越来越多，能够确定的却越来越少。现在，这个过程仍在继续，而且，必将继续下去，呈现在眼前的世界也将会愈加不同，这是个美妙异常的过程，怀疑和思考，也将是我今后最为丰厚的一笔财富。

两年即将过去，时而火一样地炽烈，时而水一般悄无声息。还记得所里的各位老师上课时迥异的风格，记得刘兵老师的谆谆教导、敏锐的思维和永不知疲惫的脚步，记得各位老师在课下的指导和无微不至的帮助，记得新斋长长的走廊和走廊的窗子外面怒放的玉兰花……

清华给了我太多的回忆和改变，虽然仅仅是两年的时光，虽然还将有一段时间继续在这里过著名的“清华女博”生活。说到清华女博，想到两个很经典的笑话，其一是说博士（Ph.D.）的含义为何？答案有二：一是 Pig has dreams（猪也有梦想）；二是可以更形象地深化为 Permanent head damage（永久性脑损伤）。这个笑话足以说明读博士的可怕性，而下一则笑话是关于女博士的。有人问：清华为什么只有女博士住单间，而男博士则是双人间？答曰：为了防止女博士打架。

如此说来，女博士是博士之中尤为可怕者了。

的确，读博士不容易，读清华的女博士更为不易。虽然有众多师长的培育、学长的扶持以及同学的相互鼓励，但读博的日子还是有着诸多压力的。尽管如此，当我走在路上，或坐在课堂上参与讨论的时候，我仍然心存感激并像孩子一样留恋这个校园。在这里，我接受了生命中最为厚重的洗礼，也历经了生命中最为快速成长与丰盈的过程。

似乎，写得过于沉重了，像是离校前夕的道别或是迟暮老人的回忆录，听着范宗沛舒缓的调子，整个人都变得多愁善感起来。

不过，我倒更愿意相信这是情之所至，正如同现在，我的眼前不由得浮现起大家一起到北京大学承泽园听课的情形，几个人几辆车，一路吱吱呀呀地飞奔过去，然后在暮色时分，再一边讨论着课上的内容一边空着肚子飞奔而回。路上的感觉虽然辛苦，却很充盈。这也正像而今正在历经的清华岁月，累并快乐着。

（本文写于 2008 年 30 周年所庆之际）

旋转的青春，那些与清华有关的日子

| 张姝艳 |

2007 年夏末，我来到令人崇敬的清华园，开始了我的博士学习生活。初入这个园子，内心惴惴、忐忑不安。未曾想，真的有一天，我会成为这个园子中的一片叶子，能够有机会点缀这个绚烂多彩的校园。

在至今短短求学的两年时光中，我荣幸地结识了许多优秀的老师和同学。在开学之初的学科强化教育课上，一些老师已开始向我们展现他们的学术风采。刘兵老师以学术品位与学术规范引领我们走进科学研究的大门；吴彤老师用“顶天立地、行胜于言”的标准，介绍了清华院所对研究生的基本要求；在吴老师推荐的《诚实做学问——从大一到教授》一书中，我能深刻地感受到养成“诚实”习惯以及对自己学习负责的精神在学术研究中何等重要；李正风老师通过列举丰富的实例讲述了哲学思维与科学思维的区别和联系；王巍老师用他丰厚的学识为我们梳理了科学哲学的历史与研究现状，使我们提纲挈领地抓住了科学哲学的基本脉络；肖广岭老师翔实地阐述了知识产权与学术规范的知识框架与结构；杨舰老师向我们讲解了何谓科学技术史，以及如何用科学哲学的方法理解科学史。在两年的学习课程中，曾国屏老师为科技与社会研究所的发展而日渐苍苍的白发，蒋劲松老师坦诚的性格与对学术的执着追求，曹南燕老师质朴为人、勤奋治学的精神，高亮华老师诗人般的气质和温文尔雅的性格，杨舰老师作为班主任为我们的集体所投入的时间和精力，鲍鸥老师踏实为学而优雅美丽的身影等等，这一切都铭记于我的心中。老师们不但给予我们在求学路上潜移默化的指引，使我们树立起“独立之精神、自由之思想”的崇高目标；同时也让我们时时刻刻感受到他们对后学晚辈们的关爱与眷顾。

其中，尤其值得一提的是我的导师吴彤教授。2007年，我怀着感恩的心，走进了吴门这个祥和温暖的大家庭。在这个家庭里，有慈爱严父般的导师和众多可爱的兄弟姐妹。与导师和师兄师姐们的每一次相聚，都使我的内心荡漾着幸福与快乐。吴老师谦虚为人、严谨治学的风格时刻感染着我；在感叹老师学术造诣的同时，尤为他的生活态度和精神理想所折服。吴老师教导我们：在为学的同时，更重要的是为人。面对生活，他总是怀揣着一颗平常心，淡然地看待名利荣辱；面对理想，他时刻以自己的方式执着追求。师者无疆，吴老师的写意生活与草莽情怀，不需要任何激烈言辞的表达，已铭刻在他那淡然的微笑里。记得有一次，和导师谈起第一次在清华做课程报告讲演，自己事前紧张焦虑、局促不安，吴老师耐心地给我讲述了他第一次作为老师走上讲台时的情景，鼓励我要克服障碍、树立信心、多多锻炼。每当我畏缩退却时，鼓励而亲切的话语时时回响在耳边。每一次师门相聚，都会使我结识更多优秀的师兄师姐，不论在学术研究中还是在工作岗位上，他们都以自己严谨求实、勤勤恳恳的精神，交付了一张又一张满意的答卷，清华让他们把优秀作为一种习惯，挥写着自己美丽而绚烂的青春。因而，我也在努力提醒着自己，向他们学习，以他们为榜样，在懂得了欣赏优秀之后，也要交付一份令人满意的答卷。

能够在这个园子里学习和生活，是因为被挂上了博士的头衔，尤其还是作为一名女博士。记得小时候，我曾经趴在床边，憧憬着大学的美好生活。爸爸说，好好学习、天天向上，争取考上好大学，读完大学读硕士，读完硕士读博士。那时对于我来说，简直有点天方夜谭，博士，是个多么遥不可及的未来。没承想，过了20年，真的一路读下来，恍然间竟然做了这么多年的“书女”。读书的日子，练就了我们纯净的心境。与书为伴的日子是快乐的，在校园里的生活是惬意的。“非学无以广才，非志无以成学。”读书，不仅给人以知识的升华、情操的陶冶，同时凝练了我们的思维和语言。然而，锦瑟年华之时，与书本为伴的日子有时也是孤单而枯燥的。但庆幸的是，在我的身边总是围绕着许多关爱、支持我的同学和朋友，和小胡在一起叽叽喳喳着生活学习中的忧愁与快乐，在遇到困难时，华青师兄和丽丽给予我及时而无私的帮助，翟姐像一个可亲和蔼的大姐对我进行照顾，以及许许多多的其他同学给予我支援与帮助。这一切都使我懂得，在我们学习书本知识的同时，也应该逐渐学会如何面对生活、学习及成长中的问题。成长本身就是一种夹杂着快乐与痛苦的历练。在园子里快乐而充实的日子中，我们都应时刻充满自信与激情，拼搏进取着。在一段宝贵的博士生涯中，我们都应始终微笑着，执着而淡定、恬然而平静。

每天清晨，当第一缕阳光普照大地，新鲜的空气叫醒早起的人时，田径场上徜徉着我们矫健的身影，游泳池边留下了我们充满活力的身姿。在清华园中我们每个人都学会了成长，在不断地身体力行中逐渐走向沉稳与踏实。我们承载着“自强不息，厚德载物”的百年校训，履行着“上善至清，行践于华”的荣耀使命。在庆贺科技与社会研究所成立 30 周年之际，让我们一同怀着感恩与仰慕之心，在回顾那些从过去到现在为清华科技与社会研究所指引前进方向的前辈们时，表达出深深的敬意，对为科技与社会研究所辛勤工作的所有老师表示深深的感谢。没有他们意志坚韧、志存高远的目标，没有他们勤奋刻苦、团结协作的精神，就不会有科技与社会研究所今天的成就，更不会有我们取得佳绩的基石。科技与社会研究所生根发芽于这个园子中，我们呼吸生活在这个园子中，园子里的每一天都那么鲜活，园子里的每一处景都独具韵味，园子里的每一个人都生动可爱。我们和科技与社会研究所一起构成了园子中独特而美丽的叶子，使这个绚烂多彩的校园更加美艳明目、熠熠生辉。

（本文写于 2008 年 30 周年所庆之际）

感受成长

| 奏美鸣 |

在我的人生里，2008 年的夏天是一个转折点。由于我在日本的大学 4 年一直居住在自己家里，所以这是我出生以来第一次离开父母，离开了日本的家，开始了独立生活。而且作为新生活起点的清华大学，它的规模超出了我的想象。当我初次走进校园时，我就感受到清华校园的环境气氛与日本的大学大不相同。虽然当初自己并没有意识到要在这里开始校园生活，但当教学指导与各种手续办完了之后，我一下子就感受到了“在这里的生活已经开始了”的心情，同时也感到很兴奋。直到现在那情形我还记忆犹新。

当我初到科技与社会研究所，走进这座“王”字形的新斋时，它给我留下了与走进清华校园时截然不同的印象。看到清华大学里还有这样的古旧洋式建筑，我心情盎然，感受到了校园过去的痕迹。在最初和科技与社会研究所的老师见面时，我感到身板僵硬、心跳加快，紧张得不得了。虽然现在已经入学半年多了，我仍然记着当时用结结巴巴的汉语与老师交谈的情景，每当回想起来自己就觉得很好笑。在很长一段时间里我也一直苦恼于自己这种遇事紧张的毛病。

但是留心想一想，在清华校园既丰富多彩又温馨舒适的学生生活一转眼就过去 8 个多月了。现在我基本上适应了这里的生活，也能适应这里的教学授课方式。目前我在吴彤教授的指导下做一些有关绿色贸易研究的准备工作，虽然研究内容对于我来说难度很大，但是我想通过努力，这些工作会成为我今后人生旅途的“食粮”。尤其吴教授经常组织我们聚会，使我们这些吴门弟子有了更多的相互交流的机会。还有科技与社会研究所安排的各种沙龙以及从其他国家请来的先生们的讲座也让我感到很有兴趣。在这里我还应该感谢科技与社会研究所的诸位老师与师哥师姐们的支持与帮助，今后我将在这里不断地磨炼自己，伴随科技与社会研究所的发展与成长完成自己在这里的学业。

（本文写于2008年30周年所庆之际）

风物闲美

擦擦脑子里那些老物件

| 谭笑 |

我是很不喜欢怀旧的人，人生态度一直是一往无前、不管不顾地向前走。对我来说，停下来、回头看非常需要勇气。记忆这东西，如果不是经常拿出来擦洗把玩，是会积上灰尘、面目模糊的。然而我想，如果这样还能在记忆里留住的，大概就是毕生难忘了。在清华大学的五年时光中有一些这样的时刻，不用回头，我知道它们就在那里。借着庆祝科技与社会研究所成立 40 周年的机会，把它们付诸文字。

和科技与社会研究所第一次打交道的那天就是其中一例。那一天我还是南京大学的大四学生，来参加直博生的面试。由于一些意外原因，我错过了统一的面试时间，因此，我的面试是单独开始的。原本告知的是前一天到，第二天面试。可等我刚进了校园，联系上的负责老师就让我立马去文南楼面试。第一次来北京、第一次来清华，在火车上折腾了一整晚，早上还一脸懵的时候就在完全摸不到方向的校园里被带去面试。

面试就在曾国屏老师的办公室里进行。曾老师的办公室里到处都堆着一摞摞的书和资料，几乎没有地方下脚落座。到今天我还能清晰地记得当时阳光洒进来却被高耸的书和杂物遮挡，灰尘迎着阳光在小房间里飞舞的场景。为了面试我准备了很多台词，最后都没有用上。整个面试就是吴彤老师和刘兵老师很亲切地跟我聊了聊。遇事就紧张的我那次真的没有紧张。老师问了问我有没有来过北京，读了什么书，对科技与社会研究所有什么了解，对什么研究方向感兴趣，甚至还给我介绍了一下所里老师主要研究的方向和这些方向之间的差别。面试之后就基本上确定下来跟刘兵老师读博了。

在清华大学的日子里，每天早上收到的邮件都是满满的一长串，大部分是各种各样的学术活动信息，以至于我在很长时间里都认为这是常态，永远有无边海量的学术讲座等着你。现在自己做了老师才了解，要张罗起来这么多学术活动是相当费力的事情。但是也因为每天都有，所以不免轻视或缺席了很多今天想起来很重要的一些活动。

所里人不算太多，邮件中只要是通知类事项都是老师学生全体一起发，无论是课程信息、学术活动，还是申请奖项、资助等。这种沟通方式非常好，公开、透明、平等。那时候虽然是学生，但是参与感却很强，强烈感觉自己是整个科技与社会研究所的一部分。它的大小事项、各种活动的进展我们都实时了解，像自己参与了其中的成长。

在这些活动中印象最深、受益最多的是周三晚上的科学史沙龙。这个沙龙在这五年间持续不断，直到今天我都毕业八九年了，听说它还在继续。这是个了不起的传统。每次沙龙，刘兵、杨舰、鲍鸥三位老师是固定班底，科学史方向的学生是固定参与者。另外图书馆的冯老师、戴老师也经常来客串。每一次由一位同学或者请来的嘉宾来做一个报告，主要是自己最近研究的进展或者值得讨论的主题。虽然名称是科学史沙龙，但是实际讨论的问题涉及的学科却非常广泛，有哲学的、社会学的等。科技与社会研究所的交叉学科特质实际上深入到每一个细节中。我原本不觉得这会对我产生很深的影响，但是在独立做科研的道路上，我一次次发现实际上这种多学科的思考方式和研究兴趣已经深入骨髓。

这个传统能坚持下来这么多年实属不易。我记得刘兵老师难得严正写了几次长信群发给所有学生，就是因为我们渐渐对这个沙龙态度散漫，偶尔不来，或迟到，或消极参与。今天无论是学生还是其他同行都觉得刘老师是个和蔼有趣的人，可是在我在读的那五年中，他一直是非常严厉的形象。一旦有了“人心散了，队伍不好带了”的苗头，随即就会有一封措辞激烈的长信在邮箱里等着。

在清华的最后两年我主要在与博士学位论文肉搏。博士学位论文写作是一件痛苦的事情，尤其面对的选题是一个不那么常规、找不到同道的时候。无论是在隐喻的意义上，还是在字面的现实意义上，博士学位论文写作就是在那方寸斗室中自我搏斗的过程。每个人都掉在自己的坑里，挖多深才有矿，富矿还是贫矿，在起初的过程中都是不得而知的。在坑里钻得越久，越对最终的结果感到惶惶。甚至在最开始的过程中，连刨坑的工具都是不顺手的——“用四肢，用指爪。真是艰苦卓绝！”[1]这是一种孤独。另一种孤独是字面意义上的。清华博士宿舍是单人间，大多数工作状态就是单纯孤独的。

在这样的状态下，有一个真正能在论文上聊聊的人就格外珍贵。这种聊聊，不是指一般意义上研究工作应如何展开，更涉及学理上的争论。在此基础上，若是有人能够了解你的起点与难处，帮你把工具磨得顺手，甚至搭起合适的脚手架，就更加难能可贵。除了导师，在这种意义上聊得最多的是卢卫红师姐。她比我高两届，也是直博生，我们的年龄、经历、性格都相仿。我们做的题目有些类似，都是从编史学的层面讨论如何往科学史中引入一种新方法。她关注的是人类学方法，我关注的是修辞学方法。在摸索自己的脚手架的过程中，有很多个夜晚是直接冲到卢卫红师姐宿舍一聊就是几个小时。许多问题一直在反复讨论，因为这些疑惑从有模糊的感觉，到说得清的答案，到自己信服、内化要不断地确认和琢磨。那些拨云见日的豁然与宿舍里明晃晃的白炽灯光一样留在我的记忆中。

随着后来各自轨迹的不同，与师姐的联系日渐稀疏，心中的惺惺相惜却一直都在。幸运的是我在那五年中遇到了很多后来一直在人生中相伴前行的人，感激岁月的这份深情馈赠。

（本文写于2018年40周年所庆之际）

① 参见：徐迟. 哥德巴赫猜想. 北京：人民文学出版社, 1978: 62.

明斋的故事

——致科技与社会研究所四十华诞

| 张涵 |

窗外的花又开了，天气也很好，暖暖的，风起处春意盎然，一切都很美，恰如与她初见的时节。那也是一个春天，阳光明媚，我从清华大学西门进来，走在干净开阔的林荫道上，风吹着树叶飒飒地响，斑驳的光影灵动跳跃，鸟语花香，沿着近春园旁荷塘畔的小路，穿过牡丹园，经过西操场，校园的深处、熙春路的尽头，她在那里。明斋——她承载着岁月的智慧，古朴大气，如一位睿智长者，静静看着堂前花开雁过，学子们匆匆往来。我向她靠近、满怀期待，她也向我招手、浅笑嫣然，迎着阳光，我推开明斋的大门，成为科技与社会研究所的一名博士后，从此开启了学术探索的新征程。

科技与社会研究所在明斋的二楼，作为中国高校中的第一个 STS 实体机构，40 年间，其已经成为科技与社会研究领域的中坚力量，吸引着海内外的青年学子。在这里，我得到哲学、社会学、科技史、科技管理知识的熏陶，这些知识融合，为我在科技政策与战略领域的研究创造了很好的条件。科技与社会研究所开设了科技哲学和技术哲学沙龙、科技与社会学和政策学沙龙、科技史沙龙等一系列学术交流活动，定期邀请国内外专家来分享和交流，学术氛围浓厚。除了学术生活，还有丰富多彩的组织生活。有三次集体活动至今印象深刻，一次是刚来清华大学那年，2015 年的学院新年联欢会，我和几位博士后作为科技与社会研究所的新员工准备了一个女生小合唱的节目——《心愿》，“我们都曾有过一张天真而忧伤的脸，手握阳光我们望着遥远，轻轻的一天天一年又一年，长大间我们是否还会再唱起心愿”，当时我们专门购置了民国校服进行演出，音乐响起，仿佛能感受到那个年代的书生意气、挥斥方遒，这套服装我仍在悉心收存。第二次很受鼓舞的活动是参加 2016 年度国家科学技术奖励大会，清华大学精心组织了 30 余位党员教师参加会议，我很有幸能到人民大会堂现场学习。习近平、李克强等党和国家领导人会见获奖代表并颁奖，充分表明了党中央、国务院对科技工作的高度重视，对科技工作者的关心和支持。老一辈科学家所取得的令人瞩目的成就，也激励着我们青年科研人员要认真做好教学科研本职工作，开拓进取，成为国家创新发展的新力量。第三次记忆犹新的活动是在 2017 年，科技与社会研究所党支部成员一同赴雄安新区调研。雄安新区成立的消息公布两个月有余，我们调研了雄县塑纸包装印刷协会、软包装产业基地、塑料包装印刷交易市场，并和当地企业家座谈，遇到的每个人都满怀希望和热情，对祖国的美好未来充满信心。回程中，在白洋淀畔集体合影留念，时值春夏之交，湖光潋滟，芦苇荡漾，忽而想起白洋淀的抗日英雄故事，旧时战火纷飞终于消散，祖国大地焕然一新，这是无数英雄儿女用血肉之躯铸就的荣光。如今，我们迎来了新时代，然而强国之路仍然艰辛，青年人更要秉承先辈之志、继往开来，为中华民族伟大复兴不懈奋斗！

“大学之道，在明明德”，在科技与社会研究所学习的日子，是一段美好而宝贵的经历。这种宝贵不只是来自知识的熏陶，谈笑有鸿儒，处处皆学问；更是来自精神的塑造，唯自强不息、以厚德载物。科技与社会研究所的老师都是极好的学者，亦师亦友。学术上的深厚造诣自不必说，日常生活中也充满乐趣，具大家风采。丁厚德老师精神矍铄，几十年如一日地关心着同学们的学习，在答辩会上给予指导建议。吴彤老师的摄影作品常常看、常常新，尤其是花鸟摄影构图很是精妙，入目风景皆是画。杨舰老师谈笑风生、轻松爽朗，先闻其声，再见其人，工作之余能有机会与曲德林老师、杨舰老师一同谈古论今，实属一大乐事。科技与社会研究所的每一位老师都是良师益友，所予无私之助，无法一一细数。

岁月是一本厚厚的书，读来回味无穷。在清华大学学习的这段时间，最应感谢我的导师李正风教授，李老师教会我们的是学习之道、立世之本，所谓授人以渔，即是如此。老师治学精进严谨，为人宽厚正直，正其义，明其道，为我们树立典范。科研课题共同攻关的日子，老师总是每天最早来办公室，晚上最后离开，从不言及个人荣利，为国家科技创新做自己应该做的事，尽自己应该尽的责任。在导师身上，我首先学到的是如何做人、如何对待科研事业，然后是掌握扎实的知识技能，这是清华精神最为具体的写照，时刻鞭策着我，成为一种奋进的力量。

师门就像一个大家庭，李老师像家长一样，事无巨细，辛苦操劳，令人万分感动。每期组会，老师都会为每一位学生关于课程安排、论文选题、研究构想、工作思考的问题一一讨论讲解。每有高水平的国内外会议，老师都会组织师门同学积极参与交流，拓宽学术视野。老师鼓励我们大胆创新、个性发展，也要求我们严于律己、脚踏实地。每逢节假，师门都会组织集体出游、爬山锻炼，“春有百花秋有月，夏有凉风冬有雪”，每个季节都会有美好的回忆，这个家，四季都温暖。得益于老师的指导，我在博士后期间得到很多收获和进步，科研课题有幸获得中国博士后科学基金、国家自然科学基金青年项目资助，参加国家级的政策研究课题，初出茅庐渐渐向青年学者靠近。有师如此，何其幸哉！

学余之暇，漫步清华园，我每每来到闻一多先生塑像前。百年积淀的清华传统，“红烛”是它精神的力量，那是一种忧国忧民、无私奉献的情怀。月色如水，徘徊在朱自清先生曾抒怀的荷塘边，荷塘上面，田田的叶子犹在，层层叠起，岸边的杨柳斜着垂下来，夏天的时候有薄薄的青雾浮在水面，水边的亭台上，人们三三两两地在纳凉闲谈，树上的蝉声与水里的蛙声混成一片。时光未央，岁月静好。荷塘的一角立着朱自清先生的雕像，如今情景，先生若知晓定也会宽慰吧。大礼堂、日晷、清华学堂和“二校门”环草坪相望，见证着历史，百年清华、人文日新。借着月光踱步到照澜院，我在清华学习时的宿舍便在附近，宿舍南面是胜因院。这一栋栋的小楼曾是清华历史上许多著名学者的居所，赵元任、梅贻琦、俞平伯、马约翰、钱伟长、王国维、冯友兰、朱自清、刘仙洲、费孝通、梁思成和林徽因夫妇、邓以蛰、金岳霖、汤佩松、吴景超等大师都曾居于此处，杨振宁教授在清华的居所也位于附近。这些看似普通的老房子里隐藏着清华厚重的历史与文化底蕴，每一个名字都如雷贯耳，每一位学者都曾在新中国的历史进程中发挥重要作用。每日路过，我总能想到大师们当年的事迹，为之振奋。风雨如晦的年代，清华精神指引着那一代学子们去拼搏、去奋斗，拨云见日，迎来了新时代，他们无愧民族的脊梁。悠悠岁月，多少家国情怀，清华人永远有一颗赤诚的心。

还记得博士后刚入站的时候，老师问我一个问题：“为什么要来清华做博士后？”我回答说：“为了理想，也为了学术追求。”今天，我已经博士后出站，到新的岗位工作，但清华精神和导师的言传身教继续激励着我奋发向上、坚定信仰、志存高远。历史赋予我们责任，时代赋予我们使命。到如今，我们更应当继续发扬传统，为国为民奉献青春和力量，无愧这个伟大时代的召唤。每思至此，更觉诚惶诚恐，不敢有丝毫懈怠。

又是一年花开，又逢她的生日。谨以此文送上衷心祝愿。任风雨，不变初心；中国梦，砥砺前行。祝科技与社会研究所的明天越来越好！祝清华的明天越来越好！

（本文写于 2018 年 40 周年所庆之际）

生于春天

| 徐占忱 |

一、春天

春天，生机勃勃，是个充满躁动、希冀和想象的季节。春天的故事，吹动了我们这个文明古国迈向伟大复兴的步伐，她已是我们整个时代的最强音。和着这美妙的节奏，我们每个人的人生际遇和节点，也都和春天连在一起。

1992 年的春天，是中华人民共和国发展史上极不平凡的一个春天。就是那年 4 月，我出差来到北京，一下火车，就来到了清华园。好大哟，我没有走完。就像是赴一场久远的约会，去看那么多托载着历史记忆的地方，感受那盛着一个人时代愤懑的池塘，那蓊蓊郁郁的树，那长着田田叶子的荷花[①]……因为文科背景，且已毕业工作，怎么能想到？真的从来都不曾想到，还有那么一天，自己走进这片园子，零距离地接近她，续一段或许前生中就已有的约定。

十几年过去了，清华园的变化太大了，每天走在园子里，看到那永远流淌着的自行车流，一张张朝气蓬勃的脸；感受那一颗颗张满帆的心，一个个不畏艰险、奔向世界至高点的信念。

哦，永远的清华园，永远的春天。

---

① 典故出自《汉乐府·江南》：“江南可采莲，莲叶何田田。”形容莲叶密密层层、挤挤挨挨，如同农田一般成片。

二、年轻

三十年了，清华大学科技与社会研究所今天迎来了她的华诞。三十年前，荡涤污秽，扫除阴霾，一定是受那个“科学的春天”的召唤，一群同样是三十多岁的年轻人，他们听从组织的安排，放弃了成为科学家的梦想，怀着一份担当、一份责任、一份那个时代每个人心中都满满的壮志与豪情，走到了一起，走向了一个为科学家和哲学家联姻的事业。

今天，他们退休了，头白了，安享晚年了。从他们的学堂走出的学生，有的已成为院士，或成为知名学者，或成为国家各行各业的领导者、骨干、中坚……也许，许多人都不会想到，怀着丰盈的事业收获，当他们回忆自己在这座园子里的所得时，最先想到的不是他们专业，而是在这里所受到的哲学思维和科学方法的训练。思想方法超越于物的层面，于人生、于事业、于家庭……他们的感悟很多很多，这算是对当年那群年轻人最好的回报吧。

在每一次所支部会上，听这些当年的年轻人剀切直言，于国、于民、于时弊、于本所的事业发展，拳拳之心，溢于言表。我们后生都感觉身上有一份沉甸甸的责任。

是啊，心不老，人就永远年轻，一如春天。

三、明天

在这样一个科技发展日新月异的时代，科技与社会研究使命又有新的承载。她不只是科学家与哲学家的联姻，她要走向一个更为宽广的科学技术学的大舞台。今天的领队人，他们更忙了。他们在忙着为人类科技的昨天钩沉索隐，为自主创新的今天出谋划策，为科技发展的明天擘画探寻……为这，他们真正成了一个和谐的大家庭，这里，有李正风教授的睿智、肖广岭教授的沉稳、刘兵教授的犀利、吴彤教授的豪迈，更有曾国屏教授的敏锐……

又是春天。窗外，鸟儿在树上叫着，风筝在天上飘着，人们在操场上欢笑着。好一幅校园春景图。又是一个要出发的日子，朋友，莫辜负了这韶光之约，种下自己属于这个春天的希望吧。

真的幸运，生于春天！

（本文写于2008年30周年所庆之际）

清华园的中医现代化思考

| 马晓彤 |

2006 年春完成科技与社会研究所博士后工作转眼整整 12 年了，由于家住学校附近的芙蓉里，时常情不自禁地到校园里走走转转。有段时间还像在校期间那样，坚持在西大操场跑步，只是不再天天跑，而是周末跑。曾经那么熟悉的文南楼、新斋以及住了两年的四公寓也无数次走过、看过。似乎不曾离开过这片热土，它一直让我魂牵梦绕，既有温暖，又有力量。进入清华大学对于我这个已经在医学界学习、工作 27 年的行者来说，有些意外，也很新鲜。2003 年 7 月，刚刚毕业于北京中医药大学中医理论专业，并取得博士学位的我走到了事业的十字路口。自 1982 年从西安医学院毕业以来，我从事了 14 年微生物免疫学的基础及临床应用研究，希望找到肿瘤的微生物病因以及有效的免疫治疗手段，然而苦求无果。彷徨、徘徊多年后，于 1996 年转向经络研究，并由此一步步走向中医理论，希望在此找到曙光。谁料想，中医界早已高度分化，传统、西化、系统三派赫然耸立。刚开始一头雾水，经过冷静思考，我选择系统学作为中医现代化的科学基础。但这是中医界的少数派，基本上没有立足之地。在我准备放弃做职业学者，入企业谋生，同时做业余学者的时候，意外得知科技与社会研究所设有教育部委托建立的复杂性研究博士后项目，我联系后得到了所里的支持。令我终生难忘的两句话，一句是吴彤老师在电话中说的："请你明天到所里面试。"另一句是曾国屏老师在面试结束后说的："欢迎来科技与社会研究所。"

从文南楼加入了这个温暖的大家庭，入所伊始，我一方面与合作导师吴彤老师讨论博士后期间的研究课题，另一方面参与了当年的研究生毕业答辩。

通过担任答辩秘书，我很快熟悉了所里的各位老师与同学，以及教学科研环境，这对我随后的工作帮助极大。结合本人的实际情况以及中医现代化的研究目标，吴老师让我参与了所里当年刚启动不久的科学实践哲学以及复杂生态系统的教学与研究实践，这对于一直工作在医学环境，对文理知识接触不多的我来说受益匪浅，使我眼界大开。印象最深的是与吴门师生共同研读与翻译劳斯的《科学实践何以重要》以及西蒙·A. 莱文的《脆弱的领地：复杂性与公有域》的过程。当时对于设立什么课题还未明确，最初倾向于做“生命系统的复杂性研究”，国际学术界在这个方面已有相当丰富的研究成果，课题开展起来会有许多便利条件，但基本上将中医放在了一边，无法将其融入。这实际上已经偏离了初衷，为此我陷入困扰。正是对科学实践哲学与复杂生态系统著作的学习，让我认识到当下还难以直接从技术层面找到中西融合之法，先得解决观念层面的问题。科学实践哲学便是一场及时雨，让我唾手得到为中医之科学性辩护与说明的思想武器。复杂生态系统则跳出技术层面的纠缠，高屋建瓴地凸显了复杂性观念对于理解生态系统的“取景框”功能，令我茅塞顿开。思路理顺了，一下子感到心情舒畅、干劲十足，不久便有了两个成果：按照吴老师的部署，完成了两本书的译稿，同时确立了完全符合心愿的课题“中医现代化的哲学、科学与产业基础研究”。这项研究实际上提出了一个完整的中医现代化纲领，这些年来，它一直指导着我的工作，并使我取得可喜成果。

前面谈的是第一年的安排，也是主体的科学哲学主题。还有一个副产品，涉及复杂性科学本身的问题。第二年申请到一个仅有一万元额度的博士后基金小项目“复杂系统的节奏模型研究”。这里有个插曲，按照教育部的学科目录，我选择的申请学科为“系统科学”，属于理科一级学科。送到博士后管理办公室审核时，说没有这个学科。我说一定有，刚查过。那位审核老师半信半疑地查询一番，告诉我：“的确有，清华还没人选过这个学科，你是第一个！”当收到项目中标通知时，我感到有些困难，一是经费数额距离需要太远（申请当时最高额度三万，只给了最低一等的一万），二是科学哲学研究工作的分量很重，显得时间非常紧迫。但事到如今，也得硬着头皮上，后面无退路。这是一项涉及动物实验的工作，需要采用正常小鼠、先天遗传性白内障小鼠、急性脑缺血小鼠以及先天遗传性白内障合并急性脑缺血小鼠四种实验动物，并通过扫频检测与分析，探索脑、经络和基因之间的信息联系。这是一个希望通过简单实验说明重大科学问题的哲理密集型而非技术密集型课题，深受之前从科学史上学到的两个案例影响：一个是用一张纸、一支笔、一个教堂后院的小园子就建立起遗传学基本定律（分离律与自由组合律）的“孟德尔豌豆实验”；另一个则是用一个开口曲颈瓶、一盏酒精灯以及少量酒石酸盐溶液便确定发酵原因是外来微生物，而非内生酵素结论的“巴斯德曲颈瓶实验”。实验结果验证了我关于脑、经络、基因贯通成网，形成统一的生命信息系统的假说。当我最终处理完数据，得出结论时，已是2005年底的一个午夜。当时我兴奋不已，围着四公寓旁的花园转了好几圈。多年来，这个实验成为我不断进行学术拓展的核心支点，一个完整的现代版中医学体系——信息医学正在逐渐形成。

中医现代化至今尚未完成，当下社会对中医的关注比起 12 年前热了许多，但由于问题涉及科学与人文、东方与西方、传统与现代这些多个文化维度的纠缠，一时争议依然很多，进展还是缓慢。经过清华园的系统思考与哲学、科学、产业多方面的十余年洗礼，今天的我比以往更有信心，而且从操作层面也已形成包括哲学、科学、技术、工程、产业五个环节的中医现代化战略，也正在一步步将以前的设想变为现实。这五个环节纲领的形成也没有离开科技与社会研究所的熏陶，除了前面提到的吴彤老师主导的“科学实践哲学”和“复杂性研究”，还有第三个收获，那就是由曾国屏老师主导，当时正在推动的“产业哲学”，如果没有这一启示，想必我是无法建立起一以贯之的五个环节中医现代化战略构架的。中医界的分化格局仍然存在，相互之间经过长期的辩驳互动，加上实践的无情检验，一个传统、西化、系统三派相互沟通融合的局面已经隐约可见，而系统学将成为中医现代化主导力量的趋势也越来越明显。尽管我追求多年的这一事业还在路上，但不断积累的事实正在证明当年一系列思考的方向是正确的。我由衷地感恩自强不息、厚德载物的清华，感恩学贯中西、跨越文理的科技与社会研究所，感恩言传身教、诲人不倦的吴彤老师，感恩激情澎湃、催人奋进的曾国屏老师，感恩如沐春风、如见亲人的科技与社会研究所的各位老师和同学。中医现代化的探索前行之路虽然艰辛，只要想到科技与社会研究所我就会勇气倍增。我深爱科技与社会研究所，深爱这里的每一位良师益友。

（本文写于2008年30周年所庆之际）